全国渔业船员培训统编教材

农业部渔业渔政管理局 组编

内陆船舶轮机

（内陆渔业船舶轮机人员适用）

王希兵 主编

中国农业出版社

图书在版编目（CIP）数据

内陆船舶轮机：内陆渔业船舶轮机人员适用 / 王希兵主编．—北京：中国农业出版社，2017.3
全国渔业船员培训统编教材
ISBN 978 - 7 - 109 - 22606 - 7

Ⅰ.①内…　Ⅱ.①王…　Ⅲ.①船舶-轮机-技术培训-教材　Ⅳ.①U676.4

中国版本图书馆 CIP 数据核字（2017）第 008159 号

中国农业出版社出版
（北京市朝阳区麦子店街 18 号楼）
（邮政编码 100125）
策划编辑　郑　珂　黄向阳
责任编辑　蒋丽香

三河市君旺印务有限公司印刷　新华书店北京发行所发行
2017 年 3 月第 1 版　2017 年 3 月北京第 1 次印刷

开本：700mm×1000mm　1/16　印张：12.25
字数：186 千字
定价：48.00 元
（凡本版图书出现印刷、装订错误，请向出版社发行部调换）

全国渔业船员培训统编教材
编审委员会

主　　任	于康震
副 主 任	张显良　孙　林　刘新中
	赵立山　程裕东　宋耀华
	张　明　朱卫星　陈卫东
	白　桦
委　　员	（按姓氏笔画排序）
	王希兵　王慧丰　朱宝颖
	孙海文　吴以新　张小梅
	张福祥　陆斌海　陈耀中
	郑阿钦　胡永生　栗倩云
	郭瑞莲　黄东贤　黄向阳
	程玉林　谢加洪　潘建忠
执行委员	朱宝颖　郑　珂

全国渔业船员培训统编教材编辑委员会

内陆船舶轮机

（内陆渔业船舶轮机人员适用）

编写委员会

主　编　王希兵

编　者　王希兵　刘周益　王　鹏

　　　　储　恺

丛书序

安全生产事关人民福祉，事关经济社会发展大局。近年来，我国渔业经济持续较快发展，渔业安全形势总体稳定，为保障国家粮食安全、促进农渔民增收和经济社会发展作出了重要贡献。"十三五"是我国全面建成小康社会的关键时期，也是渔业实现转型升级的重要时期，随着渔业供给侧结构性改革的深入推进，对渔业生产安全工作提出新的要求。

高素质的渔业船员队伍是实现渔业安全生产和渔业经济持续健康发展的重要基础。但当前我国渔民安全生产意识薄弱、技能不足等一些影响和制约渔业安全生产的问题仍然突出，涉外渔业突发事件时有发生，渔业安全生产形势依然严峻。为加强渔业船员管理，维护渔业船员合法权益，保障渔民生命财产安全，推动《中华人民共和国渔业船员管理办法》实施，农业部渔业渔政管理局调集相关省渔港监督管理部门、涉渔高等院校、渔业船员培训机构等各方力量，组织编写了这套"全国渔业船员培训统编教材"系列丛书。

这套教材以农业部渔业船员考试大纲最新要求为基础，同时兼顾渔业船员实际情况，突出需求导向和问题导向，适当调整编写内容，可满足不同文化层次、不同职务船员的差异化需求。围绕理论考试和实操评估分别编制纸质教材和音像教材，注重实操，突出实效。教材图文并茂，直观易懂，辅以小贴士、读一读等延伸阅读，真正做到了让渔民"看得懂、记得住、用得上"。在考试大纲之外增加一册《渔业船舶水上安全事故案例选编》，以真实事故调查报告为基础进行编写，加以评论分析，以进行警示教育，增强学习者的安全意识、守法意识。

相信这套系列丛书的出版将为提高渔民科学文化素质、安全意识和技能以及渔业安全生产水平，起到积极的促进作用。

谨此，对系列丛书的顺利出版表示衷心的祝贺！

农业部副部长

2017 年 1 月

前 言

　　根据《中华人民共和国渔业船员管理办法》（农业部令2014年第4号）和《农业部办公厅关于印发渔业船员考试大纲的通知》（农办渔〔2014〕54号）中关于渔业船员理论考试和实操评估的要求，以及农业部渔业渔政管理局关于渔业船员培训工作的指示精神，新的渔业船员培训将全面推行理论与实操评估相结合，强化渔业船员实际操作水平的培训与考试。

　　为适应渔业船员培训新要求，规范渔业船员培训内容，指导和帮助渔业船员进行适任考试前的培训和学习，我们组织江苏渔港监督局具有丰富教学、培训经验的专家编写了《内陆船舶轮机（内陆渔业船舶轮机人员适用）》一书。本书在编写过程中，力求注重：一是紧扣大纲，内容涵养大纲要求的内容；二是难度适中，兼顾大纲要求与渔业船员文化、年龄层次等实际状况；三是注重实操，围绕生产实际，力求理论通俗易懂；四是图文并茂，采用大量的图片，直观明了，便于理解和掌握。

　　全书共分三篇十六章，具体分工为：王希兵任主编并统稿。第一篇渔船柴油机，由刘周益编写；第二篇机电常识，由王希兵编写；第三篇轮机管理，主要由王鹏编写，其中法规部分由储恺编写。

　　由于编者水平有限、时间仓促，书中难免存在疏误或不妥之处，恳请领导、专家、同仁和读者多提宝贵意见和建议，以便及时修订。

　　本书在编写、出版工作中，得到了农业部渔业渔政管理局以及辽宁、山东、浙江等省渔港监督机构、渔业船员培训机构的关心和大力支持，特致谢意。

编 者

2017年1月

目 录

第二篇　机电常识

第三篇　轮机管理

第一篇
渔船柴油机

第一章 柴油机基本知识

第一节 柴油机基本结构和基本术语

一、柴油机的基本结构

目前,我国内陆渔业船舶多采用中、高速四冲程柴油机,辅以齿轮箱和螺旋桨的推进方式,如图1-1所示。柴油机是以柴油作为燃料,压缩发火的往复式内燃机。柴油机的类型和种类较多,但其主要部件按照工作时状态不同,可分为固定部件和运动部件两大类。柴油机系统按不同功能可分为配气系统、燃油系统、润滑系统、冷却系统和调速装置等。柴油机基本结构示意图见图1-2。

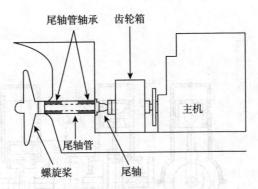

图1-1 内陆渔业船舶推进装置示意图

1. 固定部件

固定部件主要包括气缸盖、气缸套、机体、机座、主轴承等构成柴油机本体和运动件的支承,并和有关运动部件配合构成柴油机的工作空间。

2. 运动部件

运动部件主要由活塞、活塞销、连杆,连杆螺栓、曲轴等组成。它们与固定部件配合完成空气、柴油燃料的压缩燃烧,以及热能到机械能的转换。

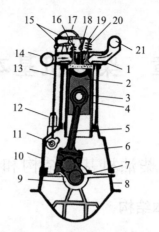

图1-2 柴油机的基本组成

1. 气缸盖 2. 活塞 3. 活塞销 4. 气缸套 5. 连杆 6. 连杆螺栓 7. 曲轴 8. 机座

9. 主轴承 10. 机体 11. 凸轮轴 12. 喷油泵 13. 顶杆 14. 进气管 15. 摇臂

16. 进气阀 17. 高压油管 18. 喷油器 19. 排气阀 20. 气阀弹簧 21. 排气管

二、柴油机的基本术语

柴油机的基本术语如图1-3所示。

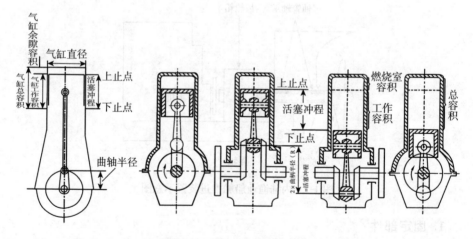

图1-3 柴油机的基本术语

（1）**气缸直径** 气缸套的名义内径，单位为毫米（mm）。

（2）**曲柄半径** 曲轴的曲柄销中心与主轴颈中心的距离。

（3）**上止点** 活塞在气缸中运动的最上端位置，也就是活塞离曲轴中心线最远的位置。

（4）下止点　活塞在气缸中运动的最下端位置，也就是活塞离曲轴中心线最近的位置。

（5）冲程　是活塞从上止点移动到下止点间的直线距离，又称之为行程。四冲程柴油机的活塞移动一个冲程，相当于曲轴转动 180°曲轴转角。

（6）余隙高度　又称顶隙，是活塞在上止点时最高顶面与气缸盖底平面的垂直距离。

（7）气缸余隙容积　又称压缩室容积或燃烧室容积，是指活塞在气缸内上止点时，活塞顶上的全部空间（活塞顶、气缸盖底面与气缸套表面之间所包围的空间）容积。

（8）气缸工作容积　活塞在气缸中从上止点移动到下止点时所扫过的容积。

（9）气缸总容积　活塞在气缸内位于下止点时，活塞顶以上的气缸全部容积，亦称气缸最大容积。

（10）压缩比　气缸总容积与压缩室容积的比值，亦称为几何压缩比。柴油机压缩比为 12～22。

（11）爆发压力　又称爆炸压力，是指燃料燃烧产生气体压力的最大值，主要用于判断气缸内燃烧质量的好坏。爆发压力通常在柴油机全负荷连续运转 2h 后，各运行参数稳定时测量较为准确。

（12）喷油提前角　是指在柴油机压缩新鲜空气过程中，燃油在活塞到达上止点之前就已开始向气缸内喷射，此时曲柄相应的位置与上止点位置之间对应的曲轴转角称为喷油提前角。

读一读

压缩比是柴油机主要性能参数之一，表示缸内工质被压缩的程度。压缩比越大，被压缩终点的压力、温度越高，柴油机容易启动，热效率也高，但压缩比过高会使柴油机工作粗暴，机械负荷过大，磨损加剧，消耗压缩功增大，机械效率降低，输出功率减小。压缩比可以通过改变压缩室容积来调节。通常情况下，中、高速柴油机压缩比要高于低速机，低速柴油机的压缩比为 13～15，中速柴油机的压缩比为 14～17，高速柴油机的压缩比为 15～22，增压柴油机的压缩比为 11～14。

当气缸直径与活塞冲程确定后，气缸工作容积也随着确定了，所以若要调整压缩比，可通过改变压缩室容积来实现。

第二节　柴油机的工作原理及特点

柴油机按照工作原理可分为二冲程柴油机和四冲程柴油机。我国内陆渔船一般使用中、高速四冲程柴油机，所以本书主要介绍四冲程柴油机。

一、柴油机工作原理

通过四个冲程（即曲柄回转两周）完成一个工作循环的柴油机称为四冲程柴油机，其工作原理如图 1-4 所示。

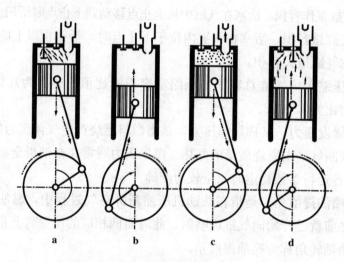

图 1-4　四冲程柴油机工作原理
a. 进气冲程　b. 压缩冲程　c. 燃烧和膨胀冲程　d. 排气冲程

1. 进气冲程

进气冲程的主要任务是使气缸内充满新鲜空气。活塞由上止点下行，进气阀打开，由于气缸容积不断增大，缸内气压下降，在气缸内外的气压差作用下，新鲜空气通过进气阀被吸入气缸内。

2. 压缩冲程

压缩冲程的主要任务是在压缩进气冲程中吸入的新鲜空气，提高空气的温度和压力，为柴油燃烧及膨胀做功创造条件。活塞从下止点向上运动，自进气阀关闭开始压缩，一直到活塞到达上止点为止。活塞上行时，气缸容积减小，缸内气体压力和温度随之升高，到达压缩终点时，压力可达 3～6MPa（兆帕，$1MPa=10kgf/cm^2$），温度可升至 600～700℃。

3. 燃烧和膨胀冲程

燃烧和膨胀冲程的主要任务是完成两次能量转换（化学能→热能→机械能）。在活塞到达上止点前，柴油经喷油器以雾状喷入气缸的高温高压空气中，并与其混合，在上止点附近自燃（柴油的自燃温度为 270℃ 左右），将柴油的化学能转换为热能。由于柴油强烈燃烧，使气缸内气体温度和压力迅速上升，高温高压燃气膨胀，并推动活塞下行做功，通过活塞连杆机构将热能转换为机械能。在上止点后某一时刻燃烧基本结束，燃气继续膨胀，到排气阀开启时结束。

4. 排气冲程

排气冲程的主要任务是将做功后的废气排出气缸，为下一循环新鲜空气的进入提供条件。此阶段废气排得越干净越好，与进气阀启闭一样，排气阀也是提前开启，延迟关闭。排气阀开启时，活塞还在下行，废气依靠气缸内外压力差进行自由排气。从排气阀开启到下止点的曲柄转角称为排气提前角。当活塞从下止点上行时，废气被活塞推出气缸，此时排气过程是在略高于大气压力的情况下进行的。排气阀一直延迟到活塞到达上止点后才关闭，这样可利用气流的惯性作用，继续排出一些废气。

二、柴油机工作特点

目前，在渔船、商船、工程船和军舰上中，通常都采用柴油机作为主机和辅机。与其他热机相比，柴油机具有许多优越的条件，主要有以下特点：

（1）热效率高　柴油机在全工况范围内的热效率都比其他热机高，也就是燃油消耗量小。

（2）机动性良好　如操纵简单和启动方便等。

（3）重量轻，尺寸小　柴油机动力装置除了主机和传动装置外，不需要锅炉等辅助设备，布置简单。

（4）可直接反转　柴油机可设计成直接反转的换向柴油机，使动力装置结构简单。

读一读

二冲程柴油机通过两个冲程（即曲柄回转一周）完成一个工作循环，即扫气压缩冲程、燃烧膨胀及排气冲程，多为大功率低速柴油机。

第三节 柴油机的分类和型号

一、柴油机的分类

根据柴油机的工作方式及特点，柴油机有不同的分类方法：

1. 按工作循环分

有二冲程柴油机和四冲程柴油机，如图1-5所示。

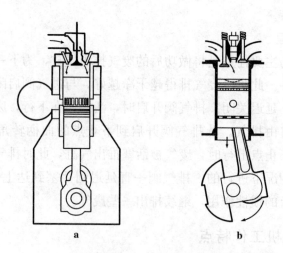

图1-5 二冲程柴油机和四冲程柴油机示意图

a. 二冲程柴油机 b. 四冲程柴油机

2. 按气缸排列方式分

有直列式（单列式）柴油机和V型柴油机等。

3. 按转速高低分

柴油机额定转速在300r/min（转/分）以下的称为低速机，300～1 000 r/min称为中速机，1 000 r/min以上的称为高速机。

4. 按进气方式分

可分为增压柴油机和非增压柴油机。增压柴油机与非增压柴油机的主要区别在于进气压力的不同，增压柴油机通过增加进气压力提高功率。

5. 按柴油机转向分

可分为左旋机、右旋机和可逆转柴油机。

6. 按照动力装置的布置形式分

可分为左机和右机。渔船动力装置有时布置成双桨式，布置在机舱右舷的柴油机称为右机，布置在机舱左舷的柴油机称为左机。

二、柴油机的型号

国产中、小型柴油机型号通常由数字和汉语拼音字母组成，反映柴油机的主要结构、性能及用途，如图1-6所示。目前，一些柴油机制造厂根据需要，自选相应的字母表示相关型号，具体含义可根据其产品说明书进行查看。例如：4135Ca 为 4 缸，四冲程，135mm（毫米）缸径，船用左机。

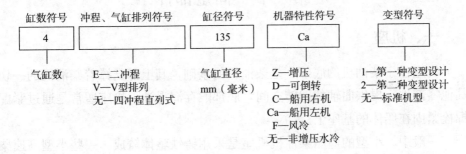

图 1-6　柴油机型号示意

第二章　柴油机主要部件

第一节　固定部件

一、机座

机座位于柴油机的底部，是柴油机的基础，其上部支撑着柴油机的一切其他零部件，提供曲轴的回转空间，底部贮存润滑油。机座通常是通过紧配螺栓紧固在船体的基座上。

一般中、小型的渔船柴油机机座是采用铸铁整体铸成。一些小型高速柴油机，为了减轻重量和简化制造工艺，机座采用由曲轴箱—油底壳式的结构所代替，即曲轴箱中安装主轴承座并用地脚螺栓把整台柴油机紧固在船体的基座上；油底壳由薄钢板压成，用螺钉固定在曲轴箱底部，只起贮存润滑油的作用，如 135 系列柴油机，示意图见图 2-1。

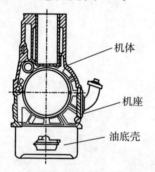

机体

机座

油底壳

图 2-1　135 系列柴油机机座示意图

二、机体

机体是柴油机机身和曲轴箱（箱式机架）构成一个整体的总称。机体的下部借用凸缘和机座接触，两者之间用螺栓连接，形成曲轴的回转空间。机体的上部安装气缸盖，内部装有气缸套，与活塞、气缸盖形成气缸工作空间，如图 2-2 所示。

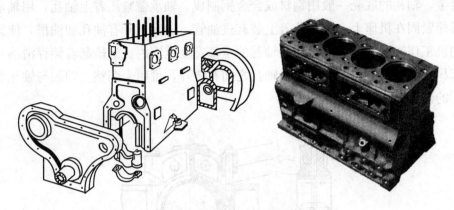

图 2-2　柴油机机体示意图

机体和机座的常见故障及其检查：

1. 机体和机座变形

机体和机座是否变形或变形程度可用下列方法检查：

①在柴油机全负荷运转时，机体上、下结合面是否松动和位移。

②用塞尺插入机体与机座结合面之间的间隙，如厚度为 0.1mm（毫米）的塞尺可插入 10mm 以上，则说明机体已有明显变形。若机体有较大变形，可通过均匀地旋紧贯穿螺栓的螺帽来进行消除。如此法无效时，则应考虑降低柴油机转速，以免造成更大损坏。

2. 机体和机座裂纹

机体和机座裂纹可用水压试验进行检查，测试压力可取工作水压的 1.5 倍左右。若水压试验后发现有裂纹，则应根据裂纹的性质和部位采取相应的措施，一般可用补锭、销钉填补、气焊和环氧树脂胶补等办法进行处理。

三、主轴承

柴油机中用来搁置曲轴主轴颈的轴承称为主轴承。每台柴油机的主轴承都由几个普通主轴承（一般等于气缸数）和一个轴向定位主轴承所组成。普通主轴承仅用来承受曲轴的径向力。普通主轴承在构造上，可分为滑动轴承和滚柱轴承两种型式。滑动主轴承按照主轴承的装置方式又可分为正置式主轴承和倒置式主轴承两种。

1. 正置式主轴承

正置式主轴承由上下两轴瓦组成，与主轴颈接触的表面浇铸有一层耐磨合金，轴瓦的底壳一般用钢材或合金钢制成。轴承盖紧压着上轴瓦，用轴承螺栓紧固在机座上。在轴承盖上装有进油管，轴瓦上开有油孔和油槽，使柴油机工作时润滑油能均布在到轴瓦的全部宽度范围内。油槽起着储存滑油和沉积机械杂物的作用。上、下轴瓦之间有垫片，可用来调整主轴颈与轴瓦之间的油隙，如图 2-3 所示。

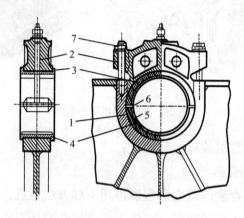

图 2-3　正置式主轴承示意图

1. 主轴承座　2. 主轴承盖　3. 上轴瓦　4. 下轴瓦　5. 减磨合金　6. 垫片　7. 螺栓

2. 倒置式主轴承

倒置式主轴承在构造上基本和正置式主轴承相同，就是主轴承盖在下面，如图 2-4 所示。这种型式的主轴承在检修拆装曲轴和轴瓦时较为方便，只要拆下油底壳就可进行了。缺点是曲轴被吊挂在主轴承盖的轴瓦上，使轴承盖和轴承螺栓都要承受很大的力，而轴承螺栓的强度总有一定的限度，不可能比机座的隔板强度更大，所以倒置式主轴承一般只适用于曲轴箱—油底壳式的小型柴油机上。

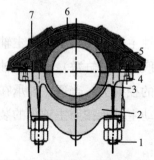

图 2-4　倒置式主轴承示意图

1. 螺栓　2. 主轴承盖　3. 下轴瓦　4. 销钉　5. 上轴瓦　6. 主轴承座　7. 机体

3. 滚柱主轴承

对一些轻型高速柴油机来说，为了缩短柴油机的纵向尺寸，主轴承采用隧道式滚动轴承，结构示意如图2-5所示。主轴承座是一整体结构，与曲轴箱横隔壁连成一体成隧道状。它在安装时是从机体的端面陷入隧道状的轴承座内的。

滚柱主轴承的优点是摩擦系教小，消耗功少；缺点是承压能力小，对材料与加工要求较高。所以这类主轴承的型式一般都只用于小型、高速的柴油机。

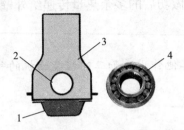

图 2-5　隧道式滚动轴承结构示意图及滚柱轴承
1. 油底壳　2. 座孔　3. 机体　4. 滚柱轴承

4. 止推轴承

止推轴承在构造上和普通主轴承基本相同，其功用除了承受径向力之外，还要承受曲轴本身的轴向推力，以利于曲轴的轴向定位，故又称为定位轴承。止推轴承在构造上和普通主轴承的区别是其两侧有翻边并浇以耐磨合金，便与主轴颈两侧小圆台肩相配合，防止由于曲轴的轴向窜动，造成活塞连杆部件中心线的偏移，发生活塞组件和气缸套的磨损加剧，甚至发生咬缸事故，如图2-6所示。

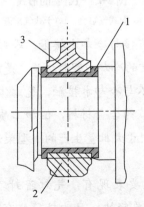

图 2-6　止推轴承示意图
1. 翻边　2. 轴承盖　3. 轴承座

四、气缸套

气缸套位于柴油机机体内，用作活塞往复运动导向的圆筒形机件，其顶部被气缸盖压紧和封闭，里面安装有活塞组件。

气缸套的功用：

①和气缸盖及活塞组件共同形成了柴油机的工作容积和燃烧室容积。

②将柴油燃料燃烧做功后的多余热量传递给外壁的冷却水带走。

读一读

柴油机气缸套的其他作用：如二冲程柴油机的气缸套中部设有进气口或进排气口。

气缸套的分类：

气缸套按其冷却方式不同，一般可分为湿式和干式两种形式，如图2-7所示。

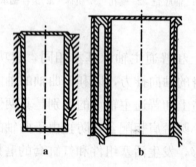

图2-7 气缸套的形式

a. 湿式气缸套 b. 干式气缸套

湿式气缸套的外表面直接与冷却水接触。冷却效果好，制造方便，但其壁厚较大，而且必须有可靠的冷却水密封措施，是应用最广泛的一种形式。

干式气缸套的外表面不与冷却水接触，气缸体内布置有冷却水腔。气缸套可以做得很薄，有利于节约合金材料，但加工质量要求较高，以保证与气缸体的内孔紧密贴合，适用于大批量生产的小型柴油机。

气缸套的常见故障：

（1）气缸套磨损 主要表现有：气缸密封不严，柴油机功率明显下降，盘车时比正常情况下要轻快，且曲轴箱处有"嘶！嘶！"的漏气声；

读一读

燃气泄漏到曲轴箱内,机油消耗量明显增加;柴油机启动困难;柴油燃烧不良,排气出现冒黑烟等现象。柴油机气缸套直径100~200mm(毫米)时,其最大允许磨损量为缸套直径的0.125%,若超过此范围应考虑进行修配或更换新缸套。

(2)拉缸 气缸套拉缸现象是指缸套内壁,沿活塞移动方向,出现一些深浅不同的沟纹。拉缸现象出现的征兆有:在刚刚发生拉缸时,柴油机的转速自动逐渐降低、输出功率下降、排烟明显增多、机油温度明显升高等现象,如果不及时采取措施,就会自动停车甚至造成"咬缸"、活塞拉断、连杆顶弯等重大事故。所以发现拉缸现象后应及时停机检查原因,采取针对性修复措施,如将损坏气缸封缸处理,并保持柴油机中低速运行,必要时更换有关零件。

(3)气缸套裂纹 气缸套裂纹是指缸套局部位置上发生断裂现象。发生裂纹的主要表现有:气缸出现漏气现象、转速和功率下降、冷却水窜入气缸内、引起排气冒白烟、甚至造成"顶缸"事故等;如果水漏到机座(油底盘)内时,水混入机油中,使油面升高,破坏了机油润滑性能,可能造成烧瓦等严重事故。气缸套产生裂纹的原因除气缸套质量外,主要是由于使用操作不当而造成的,缸套裂纹一般是由小到大,逐渐发展的。所以柴油机在使用管理中应定期进行检查,及时发现初期裂纹现象。如有裂纹应立即更换,以免引发更大故障。

气缸套使用注意事项:

为了减少气缸套故障,延长使用寿命,轮机人员在使用管理中应注意以下问题:

①润滑油应保持清洁,保证润滑油量和压力达到要求。

②气缸套与活塞、活塞环的配合间隙应符合规定要求。

③进入气缸的空气应保持干净,润滑油和柴油的质量应符合要求。

④适当控制冷却水温度,并及时清理缸套外壁的水垢。

⑤活塞连杆组及气缸套安装要正确,以防止因安装不正造成磨损加重。

⑥四冲程柴油机横向即气缸套左右侧磨损大,使用一段时间后,可转动90°重新装配继续使用。

五、气缸盖

柴油机气缸盖是用螺栓紧固于机体顶部，属于柴油机的顶端部件，俗称气缸头。在气缸盖上安装了许多重要的零件和机构，如进排气阀、气阀摇臂、喷油器等，其内部布置有进排气通道、冷却水腔、螺栓孔道等，示意图见图 2-8。

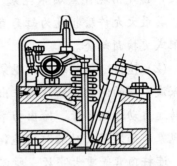

图 2-8 柴油机气缸盖示意图

气缸盖的结构形式随柴油机形式的不同而有区别，小型柴油机有用整体式或块状式结构，具有结构紧凑、可增强机体刚性的特点。

气缸盖的常见故障：

1. 气缸盖裂纹

通常是在气缸盖底面气阀座与喷油器孔之间发生局部断裂现象，开始时是出现细浅的纹路，随着工作时间延长，逐渐变深、变长。开始时对柴油机的工作影响不大，随着裂纹扩大，冷却水腔内的水开始泄漏到气缸内，出现排气冒白烟；若裂纹进一步扩大，柴油机则会出现运转不稳定，积水过多，还可能造成顶缸事故。

引起气缸盖裂纹的主要原因有以下方面：

①未充分暖机就加大柴油机负荷。

②柴油机长时间超负荷运行。

③运转中突然冷却水中断。

④冬季没有放掉冷却水，气温过低产生冻裂。

⑤制造时没有消除铸造应力。

⑥安装时扭紧力矩不均匀。

气缸盖上发现裂纹应及时处理，对外部裂纹可采用复板、焊补、环氧树脂粘补；对燃烧室、气阀座及螺栓孔处有裂纹均应报废更新。

2. 气缸盖变形

气缸盖底平面产生严重的平面度误差，出现弯曲现象。其主要表现是气缸盖与机体密封面发生漏气现象，气缸垫被烧坏。

引起气缸盖变形的主要原因有：未按规定顺序旋紧气缸盖螺母，或用力不均匀。另外，当气缸盖密封垫损坏后未及时处理，或气缸盖本身存在残余铸造应力等也会引起变形。轻微变形可在平台上研刮修复，严重变形应换新的气缸盖。

3. 气阀漏气

四冲程柴油机气缸盖下平面设有气阀座，气阀与气阀座因撞击、结碳、过热等原因，造成磨损、麻点或腐蚀等，致使气阀与气阀座密封不严，出现漏气现象。

第二节　运动部件

运动部件的主要功用是将活塞的往复运动变为曲轴的旋转运动，同时将作用于活塞上的力转变为曲轴对外输出转矩，以驱动螺旋桨转动。活塞连杆组件主要由活塞、活塞环、活塞销、连杆及连杆轴瓦等组成，如图 2-9 所示。

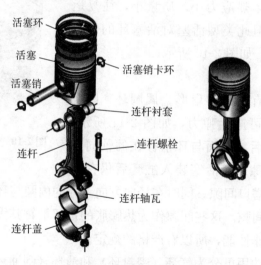

图 2-9　活塞连杆组

一、活塞组件

活塞组件通常由活塞本体、活塞销以及活塞环等零件组成。活塞组件的主要功用：①活塞组件和气缸盖、气缸套内壁共同组成柴油机的工作容积和燃烧室容积，并保持其良好的气密作用；②承受柴油机工作冲程中的燃烧气体压力；③通过活塞组在气缸中的位移，使气缸容积周期性地改变，实现柴油机的进气、压缩、膨胀、排气等过程，把燃气压力传递给曲柄连杆机构；④将燃烧气体做功后的多余热量传递给气缸套，并由冷却水带走；⑤依靠活塞顶部的特殊构造型式，在柴油机的压缩冲程中帮助压缩空气的扰动，以利于燃油雾化和燃烧过程的进行；⑥依靠活塞裙部，承受由于连杆摆动运动所产生的侧推力。

读一读

在回流扫气二冲程柴油机中，活塞还起到启闭气口控制进、排气时刻的作用。

1. 活塞本体

中小型柴油机多用筒形非冷却式整体活塞，此种活塞多用铝合金制造，导热性能好，活塞温度分布较均匀，热应力小；质量小，往复运动惯性力也小。但此类型活塞对活塞环的传热可靠性要求较高，如图 2-10 所示。

2. 活塞环

活塞环是开有切口的扁形金属圆环，因有切口，圆周方向可产生弹力，如图 2-11 所示。活塞环装入环槽后，端面与环槽存在的轴向间隙，称为天地间隙。随活塞装入缸套后仍存在

图 2-10 活塞本体示意图

切口开度，称为搭口间隙。同时在径向方向，环的内圆与环槽底圆间也存在间隙，称为径向间隙。这些间隙作为热膨胀的预留量，其大小影响到活塞环的运动状态和工作性能，所以有严格的规定。

活塞环按其功用可分为气环（密封环）和油环（刮油环）。

（1）气环　为了加强密封作用，活塞上一般装有多道密封环，且安装时，多道气环的切口应在圆周方向互相错开，对下窜气体形成曲径式（迷宫式）通道，从而减少切口处漏泄气体的下窜量。

（2）油环　在筒形活塞的柴油机中，缸套与活塞裙及活塞环相互摩擦面间是靠飞溅润滑方式供油的。运动中的曲柄连杆将润滑油甩溅到缸套内表面下方，然后利用活塞环的泵油作用，将润滑油布到整个摩擦面。同时泵油作

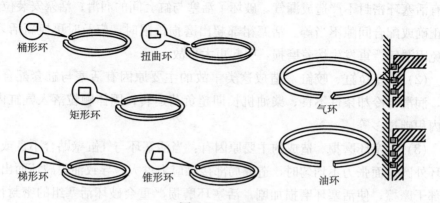

图 2-11 活塞环

用不能太甚，否则润滑油会进入燃烧室，这不仅增加了润滑油的消耗量，而且燃烧不良的润滑油还会污染燃烧室相关的零件、阀件和气道等，降低柴油机工作性能。因此，为了限制活塞环的泵油作用，还用刮油环来刮除缸壁内表面多余的润滑油，刮油环多布置于活塞末道气环以下。常用的普通槽孔式油环在上唇的上端面外缘制有倒角，有利于上行时形成油楔；下唇的下端面外缘不倒角，使其向下运动时增强刮油能力。

3. 活塞销

活塞销一般为中孔圆销，为适应应力分布，中孔有阶梯孔或双向锥孔，结构示意图见图 2-12。有些油冷却式活塞的活塞销设有加衬管的轴向油道和径向油孔，用于润滑油流通。根据活塞销与活塞销座孔及连杆小端的连接方式不同，可分为浮动式和固定式两类。

浮动式活塞销是指活塞组件工作时，活塞销与活塞销座孔及连杆小端均存在间隙，同时由于两个配合面均可相对转动，故磨损小且均匀。固定式活塞销是指活塞组件工作时，活塞销固定于活塞销座孔或连杆小端。

图 2-12 活塞销结构示意图

a. 直内孔 b. 圆锥内孔 c. 圆柱圆锥组合形

4. 活塞组件的常见故障

（1）活塞的磨损 活塞的磨损部位一般出现在活塞裙部，造成的主要原因有活塞环密封不严造成漏气，破坏了活塞与缸套间的润滑；活塞安装位置不正确或配合间隙不当等。活塞裙部超出磨损极限时，应及时更换新活塞，以免因漏气严重发生熔着磨损，引起更大事故。

（2）**活塞拉缸、咬缸**　造成这类事故的主要原因有活塞与缸套配合不当，润滑与冷却条件不良；柴油机长期超负荷运转；固体颗粒落入气缸内；缸内积碳过多等。

（3）**活塞环磨损**　造成的主要原因有：当活塞环与气缸壁贴合不良或活塞环外圆表面张力不均匀时，造成局部接触应力过大，导致油膜破坏而出现局部干摩擦，使活塞环磨损加剧。活塞环磨损严重会破坏活塞组的密封性，出现漏气现象，使气缸内燃油燃烧不完全，排气冒黑烟。因此，当活塞环磨损超出规定的极限范围时，应及时更换。

二、连杆组件

连杆组件由连杆杆身、连杆盖、连杆螺栓和大、小端轴承等组成，柴油机连杆示意图见图 2-13。连杆小端压有青铜衬套，与活塞销滑动配合；连杆大端与曲轴的曲柄销连接，其间装有轴瓦，安装时用连杆螺栓按规定的扭力上紧。连杆大端和连杆盖是成对加工的，安装时不能互换或翻转。同时连杆是柴油机的主要受力件之一，产生故障往往会导致整台柴油机的严重损坏，因此使用维护过程中应特别注意。

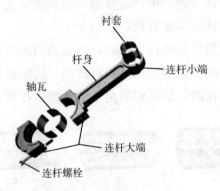

图 2-13　柴油机连杆示意图

连杆组件的常见故障

（1）**杆身变形**　是指连杆大、小头孔的轴线偏离原来的相对位置，造成的主要原因有：柴油机超负荷运行，受力过大而变形；发生顶缸和咬缸事故而顶弯；加工质量不好，误差超出规定范围等。杆身变形可采用配膛座孔、配换小头衬套或连杆轴瓦来进行校正；当变形严重时应更换。

（2）**杆身断裂**　是柴油机最严重的事故，往往会打烂机体，使整台柴油机报废。造成的主要原因有：柴油机发生严重飞车，连杆应力过大而断裂；发生抱缸事故，活塞咬死而拉断连杆；杆身材料缺陷及加工、热处理不当，造成应力集中导致断裂。

（3）**连杆小头衬套咬合**　造成的主要原因有：小头衬套油道堵塞，摩擦表面润滑不正常；柴油机在过载下运行，小头负荷过大发生变形；连杆杆身的变形使小头衬套与活塞销配合间隙不均匀等。

（4）**轴瓦破碎和熔塌**　造成的主要原因有：油隙过大或轴承盖没有旋紧，致使轴颈与轴瓦之间产生冲击负荷；柴油机长期超负荷运行；气缸内爆发压力超过允许值；轴瓦的机械负荷过大；轴瓦本身浇铸质量差等。

（5）**连杆螺栓损坏**　造成的主要原因有：柴油机发生飞车、咬缸、拉缸事故；柴油机超负荷、超转速运行；螺栓未按规定力矩上紧或松紧度不适当；螺栓本身质量不过关，存在裂纹或有残余应力；超过规定的使用年限造成材料疲劳等。为保证柴油机的正常工作，一旦发现连杆螺栓损坏应及时更换。

三、曲轴组件

曲轴组件包括曲轴、飞轮等，如图 2-14 所示。曲轴总体构造由中间的若干单位曲柄（曲拐）和自由端及飞轮端组成。单位曲柄是组成曲轴的基本部分，它由主轴颈、曲柄臂和曲柄销组成，有的还在曲柄臂上装有平衡重块。自由端通常设有驱动柴油机各种辅助设备的驱动齿轮。飞轮端设有连接法兰，与飞轮及功率输出轴相连并经其输出功率。

飞轮的功用就是在柴油机做功冲程把除了输出的功率外多余的动能储存起来，在其他不做功的冲程释放出来，使曲轴能平稳、均匀的旋转。这对气缸数较少的柴油机尤其重要。一般来说气缸数越多的柴油机动力产生越均匀，飞轮可以做得越小。柴油机转速越高，动力也产生得越均匀，飞轮也可以做得较小。但无论是单缸机还是多缸机，二冲程机还是四冲程机，高速机还是中、低速机，在曲轴的一端都装有一个飞轮，只是飞轮的质量大小和外形尺寸不同而已。

在渔船柴油机上飞轮除了上述的功用外，还装置有撬动曲轴用的盘车机

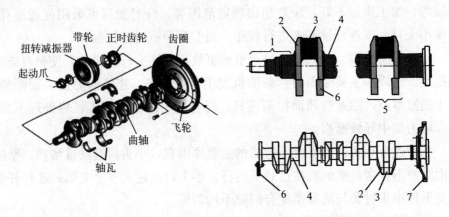

图2-14 曲轴组件

1. 自由端 2. 曲柄臂 3. 曲柄销 4. 主轴颈 5. 单位曲柄 6. 平衡重块 7. 飞轮

构或铸有安放撬车棒的孔，并在飞轮的轮缘上刻有刻度，表示每缸曲柄转角，供安装、调整柴油机的各零部件位置及调整正时之用。此外，为了使机舱的布置更紧凑，飞轮内腔常用来装置离合器。对于电力启动的柴油机，飞轮的四周装有钢制的齿圈，启动柴油机时，启动电机的小齿轮就和飞轮上齿圈相啮合，以便启动柴油机。

曲轴组件的常见故障

（1）轴颈磨损 造成的主要原因有：润滑系统受阻，不能正常润滑；滑油中杂质多；主机长时间超负荷运行或发生飞车事故等。同时主轴颈磨损还会造成轴承间隙过大，使滑油大量泄漏，油压下降，润滑不良，柴油机工作时产生敲击声，如果让其继续工作，还会导致烧瓦和抱轴等重大事故的发生。

（2）曲轴弯曲 造成的主要原因有：曲轴安装不正确；连杆组或飞轮等组件对于曲轴安装位置不正确；主轴承配合间隙过大或过小；柴油机经常超负荷运行或发生飞车、顶缸事故等。曲轴弯曲后会使柴油机工作条件恶化，容易导致烧轴瓦等重大事故。因此，在运行管理中应注意检查，及早发现，并采取相应的措施。当曲轴弯曲程度较轻时，可通过轴颈的磨修将轴磨直，若弯曲严重应更换新轴。

（3）曲轴断裂 造成的主要原因有：柴油机长期超负荷或在临界转速下运行；发生飞车事故；主轴承间隙过大产生冲击负荷；曲轴平衡性不好、安装不到位或曲轴本身制造质量不过关等。一般断轴的现象不会突然发生，往往是由于使用维护不当，使其产生严重磨损、弯曲变形，从而在附加应力作业下造成疲劳裂纹，逐渐扩展导致断裂。曲轴断裂时的表现：曲轴箱内发生"噗"的沉重裂开响声或金属敲击声，柴油机的转速突然降得很低，运转不稳定，曲轴上的飞轮及皮带轮产生摇摆。如果曲轴完全断开后，柴油机会立即自动停止运转，并产生敲击声。

读一读

在飞轮安装时，飞轮和曲轴连接要使刻度和曲柄位置相符合，正确地反映曲柄的位置。此外，连接的螺栓要满足一定的预紧力并加装保险。

第三章　柴油机的主要系统

第一节　配气系统

一、功用

柴油机工作时，每完成一个工作循环都必须把废气排出气缸，并把新鲜空气吸入气缸，且进、排气过程必须严格地按照柴油机的定时要求进行。在多缸柴油机中，还要按照规定的发火次序来进行，以保证柴油机在最佳工况下正常运转。为此，必须设置一套机构来完成上述任务，这套机构称为配气系统。配气系统的功用是按照柴油机的发火顺序，定时开启和关闭气缸的进气阀和排气阀，使新鲜空气进入气缸，并将燃烧后的废气排出气缸。

二、组成

配气系统包括进气系统和排气系统，不同类型的柴油机，因其工作原理有差异，配气系统的组成也有所不同。渔船用四冲程柴油机通常采用机械式配气系统由气阀式配气机构、进气管路和排气管路等组成。

1. 气阀式配气机构

四冲程柴油机进、排气的气阀式配气机构由气阀机构、气阀传动机构、凸轮和凸轮轴等组成，如图3-1所示。柴油机曲轴转动时带动凸轮轴传动机构使凸轮轴转动，凸轮轴上的凸轮按一定规律推动气阀传动机构，使气阀定时启闭。

2. 进、排气管路

为了把新鲜空气引入气缸和把废气及时

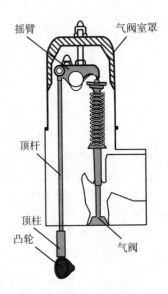

图 3-1　气阀式配气机构示意图

排出气缸，柴油机除了需要有配气机构外，还必须设置进气和排气管路及其他附件共同完成。一般在进气管路中设有进气管和空气滤清器；在排气管路中设有排气管和消音器。进、排气管路对柴油机工作有一定的影响，一般要求进入进气管的空气中浮带灰尘杂质尽可能少；进排气管路阻力尽可能小，以保证气流畅通，引入新鲜空气足够多，使废气排得干净，减小排气噪声。

读一读

气阀间隙的检查和调整

气阀关闭时，气阀杆顶端与摇臂间的间隙叫气阀间隙。柴油机进行总装、拆检或经过一段时间运转后，都必须进行气阀间隙的检查和调整。

气阀间隙不能太大或太小，一般应根据柴油机手册说明来调整。如果气阀间隙过大，会使气阀迟开早闭，充气不足，排气不干净，还会有敲击声；如果气阀间隙过小，气阀关闭不严，有漏气，会使气阀密封面烧坏，压缩压力下降，造成燃料燃烧不良或不能自燃，致使柴油机启动困难。

柴油机气阀间隙的检查与调整方法如下：

①气阀间隙通常在冷车状态下进行检查和调整，首先盘车，使被检查气阀处于关闭状态。

②用符合规定气阀间隙值的塞尺塞入气阀间隙处，拉动塞尺，稍带阻力而又能顺利滑过，则说明间隙处于正常值。

③若检查后不符合要求，须进行调整。此时，用扳手和螺丝刀松开摇臂上的锁紧螺母和调节螺钉，把塞尺插入气阀和摇臂之间；拧动调整螺钉，直到拉动塞尺稍带阻力又能顺利滑过时为止，将锁紧螺母锁紧。为确保质量，被调整的气阀应进行复查。

三、配气系统的常见故障

配气系统中由于气阀工作条件严酷，所以气阀是故障率最高的部件之一。气阀的损坏直接影响柴油机的使用性能，会造成功率不足，启动困难，甚至导致活塞顶缸等重大事故。

气阀的常见故障有：气阀磨损、烧损、变形及断裂、气阀弹簧变形等，如图3-2所示。其原因主要有：

①配气定时不准确。

②气阀间隙过大或过小。

③气阀密封不良。

④气阀润滑不良，气阀和导管配合间隙过大。

⑤柴油机超负荷运行及燃烧不良。

⑥气阀的制造质量差。

图 3-2　气阀磨损、断裂示意图

读一读

气阀常见故障检修

1. 气阀与气阀座的接触面损伤较轻时

可用研磨来修复，其方法是：

把气阀及气阀座清洗干净，在气阀斜面上涂上一层粗研磨膏进行粗研，直至出现一条整齐无明显缺陷的密封环带，再换用细研磨膏进行细研，当气阀斜面上出现一条整齐的呈暗灰色的密封环带时，将研磨膏清除；最后涂上机油进行精研 1～2min 即可。研磨时应注意，每撞击 1 次，气阀转动 1/4 圈左右，研磨膏不宜太多，并应防止研磨膏掉进导管中去。

2. 研磨后应进行研磨质量的检查

其方法是：

①检查密封环带宽度是否在规定范围内，一般为 1～3mm 宽，排气阀可稍宽。

②检查气阀的密封性。将气阀装入气阀座，然后在气阀顶面上浇上柴油或煤油，密封性好的气阀，可保持半小时以上无渗漏现象。

3. 当气阀和气阀座的接触面损伤较重时

可用机械加工的办法修理，经研磨后可继续使用。对损伤严重的气阀、气阀座应及时进行更换。

第二节　燃油系统

一、功用

　　燃油系统是将一定数量的洁净燃油，以足够的压力，按照严格的喷油定时，在规定的时间内以良好的雾化状态喷入气缸，与燃烧室内的压缩空气相混合形成均匀的可燃混合气。

二、组成

　　燃油系统包括燃油供应和燃油喷射两个子系统。渔船常用柴油机的燃油系统示意图见图3-3。燃油供应系统一般由日用油柜、输油泵、燃油滤清器和低压管路等组成，用来向喷射系统提供充足、清洁的燃油。燃油喷射系统由喷油泵、高压油管和喷油器组成，用来定时、定量、定压地向气缸内喷入雾化良好的燃油。

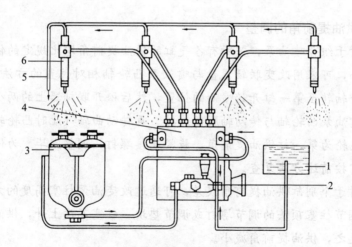

图 3-3　渔船柴油机的燃油系统示意图

1. 燃油日用油柜　2. 输油泵　3. 燃油滤清器　4. 喷油泵　5. 回油管　6. 喷油器

　供油提前角的检查和调整

　　供油提前角是指喷油泵出油阀刚刚开始出油时，所对应于压缩冲程上止点的曲柄转角。供油正时的检验与调整对柴油机的工作尤其重要，喷油

读一读

过早，气缸内气体压力和温度不足，使滞燃期增长，缸内积聚的柴油过多，一旦着火将同时爆燃，造成柴油机工作粗暴，甚至发生严重的敲缸现象；喷油过迟，燃烧过程延后，排气冒黑烟，排温升高，柴油机做功能力下降。

1. 供油提前角的检查

①将该缸的高压油管拆下。有条件时，在喷油泵出油口接一段内径为1～1.5cm（厘米）的玻璃管。

②将喷油泵油量拉杆处于额定供油量位置，盘车或撬动柱塞泵油，使喷油泵出口或玻璃管中有燃油为止。

③顺车慢慢盘动飞轮，当喷油泵出口液面或玻璃管内的油面稍有波动时，即刻停止。此时，机体上的箭头所对准飞轮的刻度，就是该缸的供油提前角。

2. 供油提前角的调整

①对于组合喷油泵，若所有各气缸的供油提前角均比规定的供油提前角大或小，可采用改变联轴器盘与喷油泵凸轮轴相对位置的方法来调整。先将凸轮轴转至第一缸开始喷油的位置，然后松开联轴器上的两个连接螺钉，使喷油泵凸轮轴与传动轴脱离连接。再转动曲轴（此时凸轮轴位置不变）至飞轮为第一缸供油提前角，旋紧连接螺钉，调整完毕。为保证调整正确，需按前述方法复查。

②对于个别缸供油提前角误差，可通过改变油泵柱塞高度的方法进行调整。调节柱塞顶头的调节螺钉或调节垫块，柱塞高度上升，供油提前角增大；反之，供油提前角减小。

三、燃油系统的常见故障

柴油机故障多数是由燃油系统所引发的，正确地使用与维护保养好燃油系统是保证柴油机正常运转的关键，常见故障有以下几种：

1. 喷油泵不供油

喷油泵不供油时，该缸的高压油管脉动消失，柴油机转速不稳，功率下降。其原因主要有：

①日用油箱中无燃油或输油泵故障。

②燃油系统进入空气。

③燃油滤清器或管路阻塞。

④喷油泵柱塞偶件过度磨损。

⑤出油阀漏油或弹簧断裂。

⑥柱塞弹簧断裂，柱塞不能及时下行。

2. 供油量不足或各缸供油量不均匀，其原因主要有：

①燃油系统进入空气或混有水分。

②出油阀漏油及弹簧断裂。

③柱塞偶件过度磨损，柱塞弹簧断裂。

④喷油泵各缸供油量调整不当。

⑤喷油泵装配错误。

3. 喷油器故障

喷油器故障的原因主要有：喷油器针阀偶件的咬死、喷油器漏油和喷油器雾化不良等。喷油器故障的通常表现有：排气温度升高，排气冒黑烟；各缸工作不平稳；柴油机功率下降等。为进一步确认故障原因，可采用逐缸停油的办法来判别。即当停止某缸供油时，观察柴油机的工况变化，若排气不再冒黑烟，柴油机转速变化很小或没有变化，则说明该缸喷油器发生故障；若柴油机工作反而变得不稳定，转速明显下降，甚至熄火，则说明该缸喷油器工作正常，当然也可以结合高压油管的脉动程度来判别。

第三节　润滑系统

一、功用

柴油机润滑系统作用是将足够数量和具有一定压力和质量的润滑油送到柴油机各润滑部位上去，使各相对运动部件之间保持一定的油膜层，以液体摩擦代替零件间的干摩擦，以减少运动部件的磨损。

二、分类

润滑系统按照润滑方式不同，通常可分为飞溅润滑、人工加油润滑和压力循环润滑三种方式。

（1）飞溅润滑　是指借助于运动部件的激溅或曲柄销润滑后甩出来的油滴和油雾，将滑油送到摩擦表面上，如柴油机缸套和活塞之间的润滑。

（2）人工加油润滑　是指由轮机人员用油壶、油杯或油枪将润滑油（脂）加到柴油机的摩擦部位。

（3）压力循环润滑　是指利用滑油泵产生一定的压力，连续不断地将润滑油压送达各摩擦表面上去。压力循环润滑是渔船柴油机的主要润滑方式，压力循环润滑系统按照润滑油的收容方式不同，又可分为湿曲轴箱式和干曲轴箱式两大类。

三、组成

135系列柴油机湿曲轴箱式润滑系统，主要由机油箱、油底壳、滑油泵、精滤器、机油冷却器、压力调节阀、压力表、温度表及管系等组成，如图3-4所示。

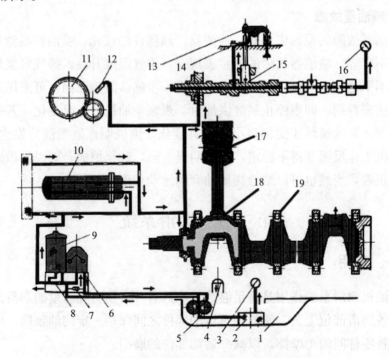

图3-4　135系列柴油机湿曲轴箱式润滑系统示意图

1. 油底壳　2. 粗滤网　3. 油温表　4. 加油口　5. 滑油泵　6. 离心式精滤器

7. 调压阀　8. 旁通阀　9. 粗滤器　10. 滑油冷却器　11. 传动齿轮　12. 喷嘴口

13. 摇臂　14. 气缸盖　15. 顶杆套筒　16. 压力表　17. 活塞销　18. 连杆轴颈　19. 主轴承

滑油工作循环过程是滑油泵（5）从油底壳（1）经粗滤网（2）和吸入管将滑油吸入，再压送到滑油滤器底座，在此分为两路：一路滑油进入离心式精滤器（6）滤清杂质后流回油底壳；另外一路则经金属刮片式或粗滤器（9）滑油冷却器（10）后进入柴油机。进入柴油机后的滑油主要分三路：

　　第一路滑油进入曲轴内油道去润滑连杆大端轴承，然后从轴承两侧流出，借离心力飞溅至缸套与活塞配合面。刮油环从缸壁刮下的滑油又滴入连杆小端两油孔内，以润滑连杆小端轴承和活塞销轴承。主轴承（19）则靠油雾和飞溅润滑。

　　第二路滑油进入润滑气阀配气机构。进入凸轮轴内油道的滑油润滑凸轮轴承后，再经缸盖内工作面、油道和缸头滑油管去润滑摇臂轴承和气阀导管。从缸头泄回的滑油再润滑气阀顶杆和凸轮工作面，工作过的润滑油流回至油底壳。

　　第三路滑油经盖板上的一个喷嘴口（12）喷到各传动齿轮（11）的工作面润滑各齿轮，随后也流回至油底壳。

四、润滑系统的常见故障

　　柴油机运转中，润滑系统的故障会对柴油机工作构成严重威胁。常见故障及其原因有：

1. 滑油压力过低

其原因主要有：

①滑油过滤器脏，尤其是吸入口滤网堵塞，一般不容易引起轮机人员注意。

②轴承间隙过大。

③滑油温度过高或变质，黏度太低。

④滑油泵排量下降。

⑤滑油压力调节不当。

⑥滑油循环量不足。

滑油压力低，对柴油机的主要摩擦面工作有着较大的影响，对高速旋转的部件有着致命的危害，所以在管理中发现滑油压力太低，应及时找出原因，排除不正常因素。

2. 滑油压力消失

其原因主要有：

①机油泵损坏。

②滑油冷却器损坏，管道破裂。

③滑油过滤器、滤网堵塞。

④调压阀失灵或压力表指示失灵。

润滑系统润滑油压力突然消失，是柴油机的严重故障。如不及时采取措施、会引起重大事故，所以一旦发现，应首先停车，同时进行盘车、压油。直到查明原因，排除故障后，方可启动柴油机继续运行。

3. 滑油温度过低或过高

其原因主要有：

①冷却水温度过高，流量不足。

②滑油冷却器换热能力低。

③滑油循环量不足。

④柴油机超负荷运行。

⑤活塞环密封性差，燃气下泄严重。

滑油温度过低会引起柴油机润滑不良，通常是由调整不当造成的。而滑油温度过高，不仅会使柴油机润滑不良，而且还会引起滑油变质，缩短使用寿命。

4. 滑油消耗量过多

其原因主要有：

（1）外部泄漏　如油封、油管、油管接头、垫片、油箱（机座）闷头、阀等漏油；机油冷却器芯漏油时，柴油机运转中排出的舷外水或淡水箱内有油花冒出。

（2）内部消耗增加　如柴油机超负荷运行；活塞和缸套配合间隙过大；缸套失圆严重；活塞环弹力太小，环的切口在同一方向；油环装反；活塞环槽磨损严重，活塞环运动不灵活；气阀和气阀导管过度磨损，使间隙过大。

（3）滑油温过高而产生蒸发　渔船柴油机的滑油耗油率一般可查阅柴油机使用手册。滑油消耗过多不但造成浪费，而且使燃烧室内产生较多积碳。当然柴油机运行中，发现滑油消耗量很少，甚至贮油量有所增加，这也属于柴油机故障。一般应从滑油中是否渗入柴油和漏入冷却水等方面去寻找原因。

第四节 冷却系统

一、功用

柴油机冷却系统作用是利用冷却水将柴油机零件吸收的热量及时传送出去，并保持柴油机在适当的温度下工作。

二、分类

柴油机的冷却方式通常有空气冷却和水冷两种，内陆渔船柴油机多采用水冷却的方式。根据冷却水循环方法不同又可分为自然蒸发式和强制循环式。

(1) 自然蒸发式水冷却系统　只需用一个结构十分简单的蒸发水箱。水箱置于气缸体和气缸盖的上方，并与它们内部的冷却水腔连通。冷却水从蒸发水箱注入气缸体和气缸盖的冷却水腔内。从气缸体和气缸盖传出的热量被周围的冷却水吸收，水温升高而密度减小，从而自然地上升到蒸发水箱上部，一部分变为蒸汽从蒸汽出口处散逸到大气中去，把热量带走。而水箱内温度较低的冷却水不断地补充到气缸体和气缸盖的冷却水腔内，如图3-5所示。

(2) 强制循环式水冷却系统　借助于冷却水泵将冷却水提高到一定压力，实现冷却水在柴油机整个冷却系统中不停地流动，将柴油机零件所受热量带出机外。按冷却水的来源不同，又可分为闭式循环和开式循环两种形式。

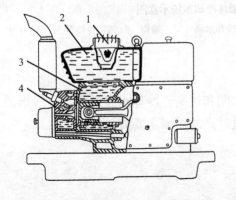

图3-5　自然蒸发式水冷却系统示意图
1. 蒸汽出口　2. 蒸发水箱
3. 气缸体　4. 气缸盖

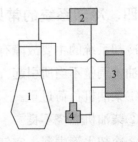

图3-6　闭式循环冷却系统示意图
1. 柴油机　2. 膨胀水箱
3. 淡水冷却器　4. 淡水泵

三、组成

1. 闭式循环冷却系统

闭式循环是利用一定量水质较好的淡水在柴油机冷却空间和管路之间形成闭合循环。而舷外水只是用来冷却已受热淡水，淡水把热量带出来并传给舷外水，再由舷外水带出舷外。舷外水对柴油机起间接冷却的作用，而淡水则起直接冷却的作用，如图 3-6 所示。闭式循环冷却系统的主要设备有：膨胀水箱、淡水冷却器、淡水泵等。

2. 开式循环冷却系统

开式循环是将冷却水由舷外直接引入柴油机的冷却部位，对受热零件进行冷却后，又排出舷外。内陆渔船常用的柴油机冷却系统多为开式循环冷却系统，如图 3-7 所示。开式循环冷却系统的主要设备有：冷却水泵、过滤器、调节器等。

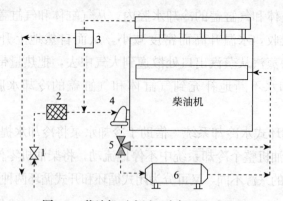

图 3-7　柴油机开式循环冷却系统示意图

1. 进水阀　2. 过滤器　3. 调节器　4. 冷却水泵　5. 三通阀　6. 滑油冷却器

四、冷却系统的常见故障

冷却系统的主要故障有冷却水温过低和过高。冷却水温过低，一般来说由柴油机调整不当所引起。而冷却水温过高的原因主要有：

①柴油机负荷过重。

②柴油机燃烧不良。

③冷却水管中漏入空气，形成气塞。

④水泵叶轮损坏，水泵皮带太松等原因使水泵排量下降。

⑤海底门开启量太小。

⑥冷却水管道截止阀未开足或调节不当。

⑦机体及管道内泥沙堆积太多。

⑧若是闭式循环水冷却系统,淡水循环量不足。

当柴油机因冷却水泵皮带脱落、断裂等原因,造成冷却水中断使柴油机出现过热现象时,首先应降速和卸掉负荷,然后缓慢加入冷却水,使柴油机逐渐冷却,切不可立即停止运转,更不可立即加注大量冷却水或用水浇淋缸盖和机体,以免机件骤热骤冷发生咬缸或机件产生裂纹。一旦柴油机因过热拉缸自行停车,应尽一切可能进行盘车,压注润滑油,切不可加注冷却水,应让柴油机自然冷却。

第五节 启动系统

一、功用

柴油机由静止状态转为运转状态必须依靠外力帮助推动曲轴转动,才能完成初始的进气、压缩、燃烧做功等几个过程,使发动机不断循环运转。柴油机在外力驱动下,从曲轴开始转动到自动运转的全过程称为柴油机的启动。

根据所使用的能量来源不同,柴油机启动方式分为人力启动、电力启动和压缩空气启动等几种方式。人力启动一般用于 14.7kW(千瓦)以下的小型柴油机;电力启动一般适用于 14.7~110.3kW 的柴油机,内陆渔船多借助蓄电池采用电力启动。

二、电力启动

柴油机电力启动系统主要由蓄电池、启动电机(带电磁开关)、启动按钮、电流表、继电调节器、发电机等组成,接线示意图见图 3-8。

启动时,按下启动按钮,电流从蓄电池正极流经启动按钮、启动电机电磁开关的吸动线圈和保持线圈。其中吸动线圈线较粗,并与电机绕组串联而接地形成回路,但因电流有限,电机不能转动或缓慢转动;保持线圈线较细,直接与地形成回路。两线圈对电磁铁芯产生同向的吸力,电磁铁芯在吸力的作用下,克服复位弹簧向左移动。一方面通过拨叉和离合机构使启动电机小齿轮与柴油机飞轮齿圈相啮合;一方面向左推动接盘,克服接盘装置的弹簧力,闭合两个接触头,于是很大的电流经很粗的动力线、接盘、触头、电机绕组至"地"与电池形成回路,使电机产生最大扭矩转动,且此时电机轴上的小齿轮已与飞轮上的齿圈相啮合,从而带动柴油机转动。待柴油机启

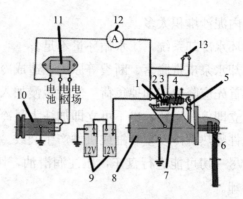

图 3-8　柴油机电力启动系统接线示意图

1.触头　2.接盘　3.吸动线圈　4.保持线圈　5.拨叉　6.飞轮齿圈　7.电磁开关

8.启动电机　9.蓄电池　10.发电机　11.继电调节器　12.电流表　13.启动按钮

动后，松开按钮，这时保持线圈断电，失去对电磁铁芯的吸力，电磁铁芯在其复位弹簧作用下向右移动并趋向回位；与此同时，接盘也在其复位弹簧的作用下向右移动，断开两触头，于是停止了对启动电机的供电。

发电机由柴油机带动，它主要作用是对蓄电池充电，在渔船上也可用之照明。

 读一读

在电路中为什么要设有继电调节器呢？

继电调节器也称三联调节器，由调压器（节压器）、限流器（节流器）、截断器（截流器）组成。继电调节器的作用：直流发电机的电压和转子转速成正比，发电机转速随柴油机转速变化范围大，所以如果发电机转速高，将有可能造成蓄电池过度充电以及用电仪表、灯泡（照明）等烧毁。因此需要设置一个能自动调节电压的调压器；当发电机电压一定时，假如蓄电池处于亏电严重状态或并接较多用电设备时，其输出电流会大大超过正常值，有烧坏发电机的危险，所以需设有一个自动限制电流的限流器；当发电机停转或电压低于蓄电池时，蓄电池就会向发电机放电（反电流），电流值比发电机正常工作时大许多倍，这样不仅蓄电池存不住电，而且还会烧坏发电机，为此在发电机通往蓄电池的线路中必须设有反电流的截断器。所以直流发电机必须设有继电调节器，才能保证充电电路的正常工作。

三、电力启动系统的常见故障

(1) 电路接线错误或接触不良　通常表现为启动电机不运行，通过检查线路和接头接触是否松动予以解决。

(2) 蓄电池电力不足　通常表现为启动电机运行不起来或者不运行，通过给蓄电池充电或更换蓄电池予以解决。

(3) 启动电机故障　通常表现为启动电机电刷与换向器没有接触或者接触不良等原因，通过电机维修或更换电机予以解决。

压缩空气启动系统

压缩空气启动系统是将一定压力的压缩空气，按照发火顺序（启动顺序）在规定时间进入气缸，代替燃气膨胀做功，推动活塞下行，使柴油机运转起来。当曲轴转速达到启动转速后，喷入气缸内的燃油自行燃烧，使柴油机进入自行运转状态。压缩空气启动系统的主要设备有：空压机、启动空气瓶、主启动阀、空气分配器、启动控制阀等。

压缩空气启动装置按照气缸启动阀开启方式不同，可以分为直接控制式压缩空气启动装置和间接控制式压缩空气启动装置。

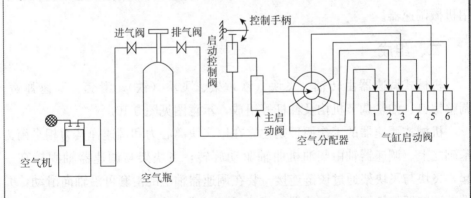

图3-9　直接控制式压缩空气启动系统示意图

直接控制式压缩空气启动装置启动时，将空气瓶上的启动控制阀打开，高压空气通过启动控制阀使主启动阀开启，并进入空气分配器，分配器则按柴油机的发火顺序和启动定时要求将压缩空气分配至各缸的气缸启

读一读

动阀，并以其压力顶开将压缩空气充入气缸，推动活塞下行，驱使曲轴旋转进行启动。一旦柴油机自行发火工作，立即关闭启动控制阀，关闭空气瓶输出阀，系统示意图见图3-9。

间接控制式压缩空气启动装置与直接控制式压缩空气启动装置相比，特点是由启动控制阀控制的两股压缩空气配合完成启动工作，由分配器控制的一股压缩空气用来控制气缸启动阀的开启，另一股压缩空气在气缸启动阀开启时间内充入气缸内，以推动活塞做功。所以间接控制式压缩空气启动装置的空气分配器的尺寸可以做得很小，同时避免了大量的节流损失。

第六节　调速装置

一、功用

渔船柴油机在运行过程中，调速器根据外界负荷的变化，自动及时地调整柴油机供油量，使柴油机在规定的转速下稳定运行。内陆渔船柴油机多采用机械调速器。

二、组成

机械式调速器由转轴、飞块（铁）架、飞块（铁）、滑套、调速弹簧、调整螺钉、油量调节机构及杠杆等组成，示意图见图3-10。

机械式调速器的工作原理是建立在以飞块离心力和调速弹簧力相平衡为基础之上。调速器轴由柴油机曲轴驱动旋转，飞块架与调速器轴固接在一起，飞块与飞块架通过铰链连接。装在调速器轴上的滑套可沿轴向滑动，并推动调速器杠杆摆动。调速器杠杆推动喷油器齿条移动，从而改变供油量。当柴油机在某一工况下工作时，飞块的离心力通过飞块内端作用在滑套上，其轴向力与调速弹簧作用力平衡，则调速器杠杆停留在这个平衡位置上，柴油机获得某一定的供油量，并稳定在某一转速下。当负荷增加时，柴油机转速降低，飞块离心力减小，此时作用于滑套上的调速弹簧作用力大于离心力的作用，从而使滑套向右移动，推动调速器杆向右摆动，推动喷油器齿条使

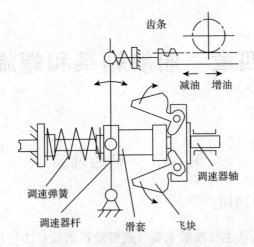

齿条

减油　增油

调速器轴

调速弹簧

调速器杆　滑套　飞块

图 3-10　机械调速器原理示意图

供油量增加，促使柴油机转速增高，飞块离心力又增大，滑套又左移，停在一个新的平衡位置上。反之，如负荷减小而柴油机转速增高时，离心力推动滑套左移，使供油量减小，柴油机转速和离心力都下降，滑套又稳定在一个新的平衡位置上。

三、机械式调速器装置的常见故障

机械调速器由于结构简单、维修方便，所以应用广泛。其常见故障的主要表现有造成柴油机转速不稳定、游车等，原因主要有：

①机械式调速器内有污物杂质。

②飞铁脚磨损或飞铁反应迟钝。

③飞铁轴承咬紧或磨松。

④弹簧座磨损、弹簧疲劳或变形、弹簧失效。

第四章　船舶轴系和螺旋桨

第一节　船舶轴系

一、组成和功用

船舶轴系是指从主机曲轴末端（或齿轮箱末端）法兰开始，到螺旋桨轴为止的一整套中间传动装置。包括推力轴、推力轴承、中间轴、中间轴承、艉轴与艉管装置，以及各轴之间的连接法兰等。

船舶轴系的功用是将主机发出的功率传给螺旋桨，同时又将螺旋桨旋转产生的轴向推力传给船体，以推动船舶运动。

带有减速齿轮箱的推进装置，其推力轴承都设在齿轮箱内，齿轮箱的输出轴就是推力轴。

二、艉轴与艉管装置

艉轴装于船舶最后端，支承在艉管轴承上。艉轴的前端用联轴器（法兰）与中间轴（或推力轴）连接，后端制成锥体用键与螺旋桨连接，并用螺帽固紧在艉轴上。固紧螺帽的螺纹旋向与艉轴正车转向相反，以避免松动而发生事故。

艉管装置一般包括艉轴管、艉管轴承、密封装置和润滑、冷却系统等几个部分，示意图见图4-1。

艉轴管通常由铸铁或热轧钢管制成，其内加工为艉管轴承孔，前端设有法兰，借以将艉管固定在舱壁焊接座板上，后端车有螺纹，用螺帽固紧在船体尾柱上。

艉管内设有前、后轴承供支承艉轴用，其润滑方式有水润滑和油润滑两种。润滑方式不同，采用的轴承材料也有不同。水润滑的轴承采用铁梨木、胶合板、塑料、尼龙或橡胶等制成；油润滑的轴承则采用白合金、青铜等材料制成。

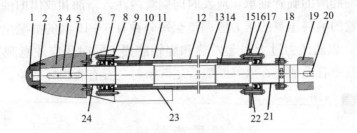

图 4-1　艉轴与艉管装置示意图

1. 螺旋桨螺帽　2. 螺栓、防松垫片　3. 螺旋桨　4. 艉轴　5. 螺旋桨键

6. 螺栓　7. 后密封装置　8. 后油封座垫片 9. 艉轴管　10. 后轴承　11. 艉柱轴毂　12. 进油孔

13. 出油口　14. 前轴承　15. 艉管座板　16. 机舱后壁　17. 前密封装置　18. 密封圈

19. 联轴节　20. 联轴节键　21. 前衬套　22. 前油封座垫片　23. 环氧树脂　24. 后衬套

　　艉管密封装置的作用是为了防止艉轴管两端的泄漏，首部密封装置常以渗油脂的麻索或石棉制品作填料，用压盖压紧在艉轴管前端；尾部密封装置则采用皮碗式或骨架式油封，起到封水阻油的双重任务。如果是靠舷外水润滑的艉管轴承，则无需设尾密封装置。

　　为防止艉轴与轴承间的干摩擦，必须保证良好的润滑和冷却。油润滑的艉管轴承，可由专设的油柜通过油泵和油管定期向艉管内注入新油；水润滑的艉管轴承，既可以采用自由通过的舷外水，也可以采用压力水强制注入的方式来保证。

三、轴系的维护

　　船舶轴系工作的好坏，将直接影响主机工作和船舶的安全航行，在日常维护时主要应注意以下事项：

　　①定期检查轴系各紧固螺栓、联轴节的紧固情况。

　　②定期检查和调整推力轴承的轴向间隙，推力轴承的轴向间隙应小于主机主轴承的轴向间隙，否则，螺旋桨的推力将会直接作用在主机主轴承上而使之损坏。

　　③经常检查润滑油油量并及时补充，运转中注意各轴承的温度是否正常，一般应低于 60℃。

　　④对水润滑的艉管轴承，艉管前端的填料压盖不能压得过紧，运行中应允许有少量滴水，以保证润滑和冷却。如较长时间停车，应将压盖压紧。

⑤对油润滑的艉管轴承，应及时向艉管内注入新油和放出旧油。艉管首端密封装置的填料压盖的压力应调整至每分钟有6～10滴的油漏出，温度应低于60℃，以防压力过大引起发热和艉轴磨损。同时还应注意观察螺旋桨翻出的水花中有无油花，以判断艉管尾部密封装置有否损坏现象。

船 用 齿 轮 箱

船用齿轮箱是渔船动力推进装置的重要设备之一，它装在主机与轴系之间，与柴油机、轴系和螺旋桨组成船舶推进装置。中小型船用齿轮箱一般由齿轮减速机构和离合器组成。

1. 作用

（1）减速 在主机额定转速的条件下，使螺旋桨转速减小，从而提高其推进效率。

（2）倒顺 在主机转向不变的情况下，改变螺旋桨的转向，使船舶前进或后退。

（3）离合 在主机运转的条件下，使主机与螺旋桨可以随时脱离或结合，以使船舶停止或航行。

2. 船用齿轮箱操作要点

齿轮箱的正确使用操作，对延长齿轮箱的寿命，减少和避免事故有密切的关系。轮机员必须按齿轮箱说明书的要求和有关规定，进行使用和操作。船用齿轮箱使用操作一般应注意以下几点：

①在柴油机启动前，应检查齿轮箱的润滑油量是否足够；离合器的操纵手柄应置于空车位置。

②柴油机启动后，应空车低速运转数分钟，并查看柴油机及齿轮箱各部分是否正常，确认柴油机各部分无问题，可做试运转（即挂前进或后退档）。试运转确认后，再通知驾驶室用车。然后，可适当增加柴油机转速。

③对油压控制的齿轮箱，在柴油机启动后的20s以内，润滑油压力应达到正常工作压力，如无油压或低于0.05MPa，应立即停机检查。

读一读

④在换向操作时，应先将柴油机转速降低（高速柴油机降至800～1 000 r/min，中速柴油机降至300～450 r/min），然后将操纵手柄移到空转的位置，待螺旋桨轴慢转至30～50 r/min，或者完全停止后（空车时间3～6s），再将操纵手柄推到换向的位置。换向后，再将转速逐步升到所需要的转速。这样做能有效地避免齿箱的过载及离合器、传动齿轮等零件的撞击。

⑤当船舶航行遇到紧急情况时，齿轮箱允许在全速全负荷下进行换向。但在这种情况下，齿轮箱的离合器齿轮组、轴系、螺旋桨等机件，在换向时都有很大的转动惯性，将使柴油机和齿轮箱承受较大的冲击负荷和过载。为了保证齿轮箱安全运转和延长其使用寿命，非紧急情况下均不应在全速下做紧急换向，而且，即使是在应急情况下，也应当把手柄移到停车位置，停留1～3s，待轴系转速变慢后，再进行换向。

⑥船舶在倒车时的最高转速不许超过主机额定转速的85%，以尽量避免齿轮箱和柴油机超载。

⑦对驾机合一的船舶要使驾驶人员明白上述要求，对柴油机转速和齿轮箱换向控制机构控制均应采取联动装置，使操纵过程符合要求。

⑧齿轮箱在运转时，应经常检查油压、油温、冷却水温及轴承温度等。对油压控制的齿轮箱，机油温度升高到70℃以上时，润滑油压力有所下降属正常现象，但在任何时候润滑油的压力都不允许小于0.05MPa，如小于此压力，应及时查出原因并消除故障。

⑨对手操纵式齿轮箱，需采用人工加油脂润滑的部分，要严格按齿轮箱使用说明书的要求，定时、定量加注油脂，以确保润滑正常。

第二节　螺　旋　桨

一、组成

目前，螺旋桨是渔船上普遍采用的推进器。螺旋桨主要由桨叶和桨毂两部分组成，示意见图4-2。一般桨叶和桨毂制成整体，桨毂中间开有圆锥台形的孔，以便让艉轴的后部穿入。桨毂和艉轴的贴合面处开有键槽，镶键使艉轴带动螺旋桨旋转。若桨叶和桨毂相对位置固定不变的称为定距螺旋桨。

二、基本术语

（1）螺旋桨直径　螺旋桨旋转一周叶尖所画出的圆的直径。

（2）盘面积　螺旋桨旋转一周叶尖所画出的圆的面积。

（3）螺距　螺旋桨旋转一周所前进的轴向距离。

（4）平均螺距　变螺距螺旋桨整个桨叶螺距的算术平均值（约等于桨叶2/3半径处的螺距）。

（5）螺距比　螺旋桨的螺距（平均螺距）与螺旋桨直径之比。

（6）叶面与叶背　螺旋桨顺车旋转时，桨叶推水的一面称叶面（即从船尾向船首看，看到的一面），另一面称叶背。

（7）导边与随边　螺旋桨顺车旋转时，先入水的一边称导边，另一边称随边。

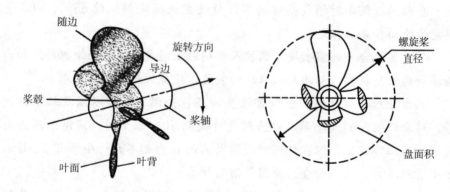

图 4-2　螺旋桨示意图及基本术语

三、螺旋桨检修

螺旋桨在运行中因长时间使用或碰撞等原因会产生许多缺陷，船舶在坞修时，应对螺旋桨作仔细检查，发现缺陷及时修复，检查主要注意以下几方面：

（1）检查桨叶变形及弯曲情况　桨叶变形会使螺距产生变化，变形弯曲的桨叶可用热矫正或冷矫正的方法校正，并重新测量螺距。

（2）检查叶片的腐蚀和磨损情况　叶片腐蚀有海水腐蚀（相对于海船）和空泡腐蚀两种，叶片磨损主要是由于水流、泥沙冲击造成，应焊补、磨光或换新。

（3）检查各桨叶及桨毂有无裂纹或折断　修理时可焊补并磨光。

（4）检查锥孔表面及键槽侧面的是否损伤　可通过光车修复或研配新键。正常情况下，艉轴锥体与桨锥孔接触面积应在 75％ 以上，键与键槽装配后，键与键槽两侧在 85％ 长度上且插不进 0.05mm 的塞尺。

（5）修理后的螺旋桨　应测量螺距并进行静平衡试验后方可装船使用。

第五章　柴油机运行管理

第一节　柴油机的操作

柴油机运行管理主要包括柴油机启动、运行及停车等操作和维护。

一、柴油机启动

柴油机本身是不能自行启动运转的，必须借助于外来的力量带动曲轴以一定的速度旋转，在气缸内反复进行进气、压缩、油气混合、排气，直到气缸内产生第一次爆发燃烧和膨胀做功之后，柴油机才能独立地进行运转，要使气缸内产生第一次爆发燃烧和膨胀做功，其压缩终点的温度必须超过燃油的自燃温度。因此，每种柴油机均要求有一定的启动转速，即柴油机要达到的气缸内着火燃烧最低转速，该转速称为启动转速。一般情况下，低速柴油机的启动转速不高于额定转速30%，中速柴油机的启动转速不高于额定转速40%，高速柴油机的启动转速不高于额定转速45%。正常启动柴油机的步骤如下：

1. 启动前的检查

柴油机安装或维修后首次启动前的检查，主要包括柴油机零部件检查和各系统检查。对零部件检查主要是检查是否有损坏，安装是否按说明书要求进行。例如，柴油机在安装过程中各种螺丝的扭矩应符合规定，特别是机座底脚螺丝、连杆螺栓和气缸盖螺丝等。对各系统的检查主要是检查配气正时、气阀间隙、喷油时间和启动定时等。

2. 启动前的准备

①用蓄电池电启动的柴油机应检查蓄电池的电压是否正常，压缩空气启动的应检查空气瓶压力。

②开启舱底阀、滑油循环柜阀及燃油阀。

③检查滑油油位是否在规定范围内，往人工加油部位加注润滑油或润滑

脂，有手动机油泵的柴油机应往机内压油至 0.05MPa。

④检查各部件是否正常，各附件连接是否可靠。

⑤用输油手泵排除燃油系统内的空气。方法是旋开喷油泵及燃油滤清器上的放气螺塞，用手泵把燃油压到溢出螺塞不带气泡为止，然后旋紧螺塞并将手摇泵旋紧。

⑥检查离合器是否处在脱开位置。盘车两周以上，盘车后应随即把撬车棒拿开，并检查有无妨碍主机运转的物体存在。

3. 柴油机的启动

①将调速手柄固定在中速油门位置。

②电启动的柴油机应合上闸刀，按下启动按钮，当听到柴油机内有爆发声时，立即释放启动按钮，每次启动时间不得超过 10s。如一次未能启动成功，应停车 1min 后再做第二次启动，如连续三次启动不成功，应先查明原因。

③接通电热塞的电路开关，预热时间不得超过 40s，以免烧坏电阻丝。待仪表板上的电热塞指示装置发红后，即可启动。

④按下启动操纵手柄，使柴油机启动。启动后应立即放松操纵手柄，如不能启动，只听到嗡嗡的气流声，应立即放松手柄，并查明原因。

4. 启动后的检查

①启动后首先检查润滑油压力表读数，如无压力或压力低于 0.05MPa，应立即停车检查，以防烧瓦。

②检查冷却水泵是否供水，如不供水，应立即停车检查。

③打开滑油压力警报器，关闭电热塞的电源开关。

④启动后如出现飞车，或有明显的敲击声，或滑油油位发生明显上升或下降，应立即停车检查。启动后的情况如果正常，应先让柴油机空车运转一段时间（一般为 15～20min，夏天可比冬天短一些），使柴油机各部件温度逐渐升高，以防热应力过大造成机件损伤或机件早期磨损。然后再带负荷运转并逐渐增加转速。

二、柴油机运行

1. 运行管理注意事项

①增加柴油机负荷应逐渐进行。

②经常观察冷却、润滑及燃油系统的工作情况，以便及时发现漏水、漏

气和漏油等状况并排除故障。

③注意仪表读数的变化，如有不正常现象，应及时找出变化原因并排除故障。

④根据蓄电池的实际情况，及时向蓄电池充电；若是压缩空气启动的，气瓶要保持一定的压力，以备随时启动主机。

⑤及时向柴油机各活动部件加注滑油。

⑥检查各缸爆发压力情况。

⑦检查机舱内积水情况，并及时抽除。

⑧定时打开机油、柴油柜放残阀，放掉柜内积水和残渣。

⑨听柴油机有无异常响声，摸各有关部件温度是否正常。

2. 需在轮机日志中记载检查情况的项目

（1）滑油压力　柴油机的滑油压力因机型不同而不同，在额定转速下，滑油压力一般应为 0.3～0.4MPa。

（2）滑油温度　柴油机的滑油温度因机型不同而不同，根据说明书确保油温应在规定的温度范围内，滑油冷却器的滑油温度一般为 50～55℃。

（3）冷却水温度　开式冷却系统的冷却水出水温度应低于 55℃，闭式淡水冷却系统的冷却水出水温度一般应低于 85℃，最高不得超过 90℃，个别机型可达 97℃。

（4）排气温度　排烟温度应不超过说明书的规定值，同时各缸排温应均匀，与平均值之差小于 8％。135 系列普通柴油机的排气温度一般不超过 500℃，160 系列柴油机的排气温度一般不超过 400℃，增压可达 500℃以上。

三、柴油机停车

为了防止冷却水突然中断，造成机器过热而发生意外，在接到停车命令时，不应立即停车，应先逐渐卸去柴油机负荷，降低转速，让柴油机在空载状态下继续运转 5～10min 后再完全把车停住。

停车前应检查蓄电池的蓄电情况（压缩空气启动的应检查压缩空气瓶情况），必要时应予补足，以保证下次启动的需要。如需要检修柴油机，停车前应进一步核实需检修部位，以便停车后能按先后次序进行检修。确认不再继续使用柴油机时，可将供油手柄降到停车位置，柴油机即可自行停车。

停车后应关闭报警装置，切断电源，关闭所有燃油、滑油和舱底阀。如有必要，应打开曲轴箱孔，检查连杆螺栓的保险和紧固情况，检查轴承温度，并将检查情况记入轮机日志。然后及时排除柴油机运转中的故障，做好检查调整工作，并按规定对柴油机进行保养。

对较长时间不需启动的柴油机，应放尽冷却水，每2天应盘车1次，以免柴油机零件发生塑性变形和生锈，对有增压器的柴油机应定期转动增压器。

对长期停用的柴油机，停车后应做好下列工作：

①在排气烟囱出口上罩好帆布罩（无帆布罩应将盖子盖好），防止雨水通过排气管进入机内。

②擦净机器各部位，对容易生锈的部位涂上黄油，以防生锈。

③定期盘车，盘车前往机内泵注入滑油，每次盘车后应将曲轴停在不同位置上，防止曲轴变形。

④寒冷季节，当气温有可能降至5℃以下时或准备较长时间不启动时，应放掉冷却水，以防止冻裂机器和管路。

第二节　柴油机的维护保养

正确地维护保养柴油机是保证柴油机正常可靠地工作，延长柴油机使用寿命的重要环节。因此使用管理柴油机必须严格执行柴油机的技术保养制度。对于不同类型的柴油机，保养的技术要求不尽相同，以柴油机厂家的维护手册为主，现以135系列柴油机的维护保养为例进行介绍。

一、保养分级

柴油机的维护保养一般分4种：

①日常维护工作（每班工作）。

②一级技术保养（累计工作100h或每隔1个月）。

③二级技术保养（累计工作500h或每隔6个月）。

④三级技术保养（累计工作1 000～1 500h或每隔1年）。

二、保养项目

1. 日常维护

柴油机日常维护主要做以下项目：

①检查燃油油箱存油量，根据需要添加到规定量。

②检查油底壳中滑油油面是否达到滑油标尺上的刻线标记，如未达到应加到规定量。

③检查喷油泵，调速器滑油油面是否达到滑油标尺上的刻线标记，不足时应添加到规定量。

④检查油、水管路接头等密封面有否漏油、漏水现象和进、排气管、气缸盖垫片处及涡轮增压器有否漏气现象。

⑤检查柴油机各附件的安装情况是否符合规定要求，包括各附件安装的稳固程度、地脚螺钉及与工作机械相连接的牢靠性。

⑥检查各仪表读数是否正常。

⑦检查喷油泵传动连接盘的连接螺钉是否松动，是否应重新校对喷油提前角。

⑧清洁柴油机及附属设备外表，用干布或浸柴油的抹布擦去机身、涡轮增压器、气缸盖罩壳、空气滤清器等表面上的油渍、水及尘埃。

2. 一级技术保养

除做好日常维护项目外，还须增加以下项目：

①使用蓄电池的应检查蓄电池电压，适时加注蒸馏水。

②检查并调整三角皮带的松紧程度。

③清洗滑油泵吸油粗滤网，拆开机器大窗口盖板，扳开粗滤网弹簧锁片，拆下滤网放在柴油中清洗、吹净。

④清洗空气滤清器。惯性油浴式空气滤清器应清洗钢丝绒滤芯；旋风式空气滤清器应清除集尘盘上的灰尘；对纸质滤芯空气滤清器，取出滤芯，轻轻敲打其端面，或者用压力不大于 0.49MPa 的压缩空气从滤芯内腔往外吹，也可用毛刷轻刷沾污表面，以上方法均可清除滤芯上的灰尘污物，但忌用油或水清洗，如发现滤芯纸破损或污垢严重不易清除时，则需换新。

⑤清洗通气管内的滤芯。将机体门盖板加油管中的滤芯取出，放在柴油或汽油中清洗吹净，浸上机油后装上滤器滤芯。

⑥清洗燃油滤清器。每隔 200h 左右拆下滤芯和壳体，在柴油或煤油中清洗或换芯子，同时应排除水分和沉积物。

⑦每隔 200h 左右，清洗滑油滤清器一次：a. 清洗绕线式粗滤器滤芯；b. 对刮片式滤清器，转动手柄清除滤芯表面油污，或放在柴油中刷洗；c. 将离心式精滤器转子放在柴油或煤油中清洗。

⑧清洗涡轮增压器机油滤清器及进油管。将滤芯及管子放在柴油或煤油中清洗、吹干、防止被灰尘和杂物沾污。

⑨根据机油使用状况（油污程度、黏度降低程度）每隔200～300h更换油底壳中的机油一次。

⑩在所有注油嘴及机械式转速表接头等处，加注符合规定的润滑脂或机油。

⑪用清洁的水通入冷却水散热器中，清除其中沉淀物至干净为止。

3. 二级技术保养

除做好一级技术保养项目外，还须增加以下项目：

①检查喷油器的喷油压力，观察喷雾情况，并进行必要的清洗和调整。

②检查喷油泵，必要时重新调整。

③检查气阀间隙及喷油提前角，必要时进行调整。

④检查进、排气阀的密封情况，拆下气缸盖，观察配合锥面的密封和磨损情况，必要时进行研磨修理。

⑤检查水泵漏水情况，如溢水口滴水成流时，应调换封水圈。

⑥检查气缸套封水圈的封水情况。拆下机体大窗口盖板，从气缸套下端检查是否有漏水现象。

⑦检查传动机构盖板上的喷油塞。拆下前盖板，检查喷油塞喷孔是否畅通，如堵塞应予以清理。

⑧检查冷却水散热器、滑油散热器和滑油冷却器，如有漏水、漏油应进行必要的修补。

⑨检查主要零部件的紧固情况。对连杆螺钉、曲轴螺母、气缸头螺母等进行检查，必要时拆下或重新拧紧至规定扭矩。

⑩检查电器设备。检查各电线接头是否接牢，有烧损的应更换。

⑪清洗滑油、燃油系统管路，包括清洗油底壳、滑油管道、滑油冷却器、燃油箱及其管路，清除污物。

⑫清洗冷却系统水道。可用150g烧碱（火碱、苛性钠、NaOH）加1L水的溶液灌满柴油机冷却系统，停留8～12h后开动柴油机，使出水温度达到75℃以上，放掉清洗液，再用干净水清洗冷却系统。

⑬清洗涡轮增压器的气、油道，包括清洗导风轮、压气机叶轮、压气机壳内表面、涡轮及涡轮壳等零件的油污和积碳。

4. 三级技术保养

除做好二级技术保养项目外，还须增加以下项目：

①检查气缸盖组件。检查气阀、气阀座、气阀导管、气阀弹簧、推杆和摇臂配合面的磨损情况，必要时进行研磨或更换。

②检查活塞连杆组件。检查活塞环、气缸套、连杆小头衬套及连杆轴瓦的磨损情况，必要时应更换。

③检查曲轴组件。检查推力轴承和推力板的磨损情况，检查滚动主轴承内外圈是否有周向游动现象，必要时应更换。

④检查传动机构和配气定时，观察传动齿轮啮合面磨损情况，并测量啮合间隙，必要时进行修理或更换。

⑤检查喷油器喷雾情况，必要时应研磨或更新喷油嘴偶件。

⑥检查喷油泵。检查柱塞偶件的密封性和飞铁销的磨损情况，必要时应更换。

⑦检查涡轮增压器。检查叶轮与泵壳的间隙、浮动轴承、涡轮转子轴以及气封、油封等零件的磨损情况，必要时进行修理或更换。

⑧检查机油泵、冷却水泵，对易损零件进行拆检和测量，并进行调整。

⑨检查气缸盖和进、排气管垫片，已损坏失去密封作用的应更换。

⑩检查和清洗各机件、轴承，吹干后加注新的润滑脂，检查启动电机齿轮磨损情况及传动装置是否灵活。

第三节　柴油机常见故障诊断和处理

柴油机运行中，可能会发生很多故障，难以一一详述，下面仅介绍一些常见的柴油机故障及原因，其他故障情况可根据柴油机运行维护手册进行相应处理。

一、柴油机不能启动或启动困难

柴油机不能启动的情况多数发生在修理后的初次启动，而启动困难多数是在使用过程中。为保证柴油机顺利启动，首先启动时要有足够的启动转速，燃油喷入气缸时缸内有足够的新鲜空气和达到燃油的自燃温度。如达不到上述条件，就会使柴油机启动困难或不能启动，主要原因有：

1. 燃油供给系统故障

其表现为供油不正常或不能供给，使柴油机不着火和着火后不能转入正常运转，造成的原因主要有：①油箱内的燃油耗尽。②管路或滤清器堵塞。③燃油系统有空气或水。④喷油器喷油少、压力低或不喷油。⑤喷油泵故障或喷油时间不对。

2. 压缩压力不足

其表现为气缸密封不良，漏气现象严重，人力转车时感到压缩无力，有漏气声，造成的原因主要有：①气阀漏气（气阀与气阀座密封不严、气阀间隙太小等）。②气缸盖垫片漏气（缸盖螺母未拧紧、缸盖垫片损坏、缸盖翘曲变形）。③活塞与气缸套之间漏气（活塞环过度磨损、活塞与缸套间隙过大等）。

二、柴油机突然停车或转速降低

柴油机运行中自动停车后，应首先进行盘车，判断故障的性质，然后进行检查和排除。柴油机突然停车或转速降低的主要原因有：

①燃油系统中有空气和水。

②日用油箱中燃油用尽。

③活塞拉缸或咬缸。

④螺旋桨缠上绳索或网具使柴油机超负荷。

⑤轴承、轴瓦咬死。

三、柴油机飞车

柴油机飞车是指柴油机转速突然升高，而且大大超过额定转速。此时柴油机发出的排气声越来越密，排气管大量冒黑烟，减小油门也不能使转速降低，如不采取紧急措施，会出现连杆螺栓断裂、损坏缸盖、机体、活塞等零件，甚至威胁到轮机人员的人身安全。柴油机飞车主要出现在柴油机启动及卸负荷时，轮机人员应密切注意。一旦发生飞车，应立即关闭油门，如仍不能停机，可迅速用布捂紧滤清器的空气入口处，将进气管堵死；或立即松开高压油管的任一管接螺母，柴油机就能停止运转。柴油机飞车的主要原因有：

①调速器故障。

②机油大量窜入气缸或气缸内存油过多。

③装配喷油泵时柱塞和套筒相对位置不正确，供油量过大。

四、柴油机排气烟色不正常

柴油机正常工作时的排气烟色一般是无色或略带淡灰色。不正常的烟色是指：黑烟、白烟和蓝烟。

1. 柴油机排气冒黑烟

柴油机排气冒黑烟是表明柴油机燃烧不良。其主要原因有：

①柴油机供油量过多、超负荷运转。

②燃油质量差。

③喷油器喷射压力低，有滴油现象。

④供油提前角过小。

⑤空气滤清器堵塞，使进气量减少。

⑥排气管道不畅通，排气不干净。

2. 柴油机排气冒白烟

柴油机排气冒白烟主要原因有：燃油中有水、部分缸不发火形成燃油蒸气和冷却水漏入气缸中等。

3. 柴油机排气冒蓝烟

柴油机排气冒蓝烟是柴油机烧机油的一个明显特征。其主要原因有：

①湿式曲轴箱中机油循环量过多，液面过高。

②油环装反。

③油环过度磨损，弹力不足。

④油环卡滞于环槽里，失去刮油作用。

⑤缸套失圆，缸套和活塞配合间隙过大。

⑥活塞环切口在一直线上，未错开。

五、滑油压力不足或无压力

柴油机正常运转的情况下，滑油压力表指针指示值应在技术文件的要求的范围内，一般应在 0.3～0.4MPa。柴油机在作业时，如果滑油压力低于0.2MPa 或随转速变化而忽高忽低，甚至突然降至零，说明柴油机有故障存在，应立即熄火查找原因，排除故障后方可重新启动。否则可能酿成烧瓦拉缸等大事故。常见的造成滑油压力不足或者无压力的主要原因有：

①油底壳中无油或油量不足。

②吸油管路中有空气。

③吸入滤网堵塞或管路漏油。

④滑油泵齿轮磨损或安全阀调整不当。

六、柴油机功率不足

柴油机在运转中达不到额定功率指标，带不动应有的负荷，称为柴油机功率不足。其主要原因有：

①活塞环磨损过度、活塞与缸套磨损过度，使密封性变差。

②进排气阀咬死或密封不良造成压缩压力降低。

③供油提前角过小或过大。

④进排气系统不畅通造成供气量不足或配气定时不正确。

⑤喷油泵柱塞与套筒、喷油器针阀与阀座间隙过大，造成供油量不足。

⑥气阀间隙调整不当。

第二篇

机 电 常 识

第六章 电工基础知识

第一节 直流电的基础知识

一、电路的组成

电流所通过的路径称为电路，任何电路都是由电源、负载、中间环节、控制及保护装置四部分组成。

我们将渔船上的蓄电池、开关、照明灯泡，用导线连接起来就是一个最简单的电路，但它包括了电路最基本的组成部分，如图 6-1 所示。如果我们将图 6-1 所示实物电路用规范的电路图形符号表示出来，就是电路原理图，如图 6-2 所示。

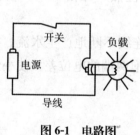

图 6-1 电路图

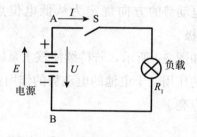

图 6-2 电路原理图

二、电压、电流与电阻

电路的基本原理与水坝相类似，如表 6-1、图 6-3 所示。

表 6-1 水坝与电路的比较

水坝及水管等	电路
水落差	电压
水流量	电流
水管的粗细	电阻

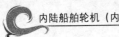

图 6-3　水坝与电路的比较

（一）电压

1. 电位

与物体在某一位置上具有一定的位能相似，正电荷在电路的某一点上具有一定电位能，用字母 V 表示。

2. 电压

电路中任意两点间的电位差，称为这两点间的电压，用字母 U 表示。

3. 电动势

电源内部由于其他能量的作用而产生一定的电位差，我们称之为电动势，它是衡量不同电源转换电能本领的物理量，用字母 E 表示。

电动势的方向规定为从低电位点指向高电位点，即由"－"极指向"＋"极。

如图 6-4 所示，若持续使该水泵旋转，则会连续不断地产生水流。类似水泵的作用，干电池的电动势的作用就是保持灯泡两端的电位差，使小灯泡持续点亮。

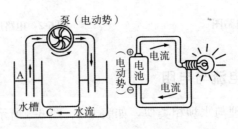

图 6-4　水泵与电动势

电位、电压和电动势的单位为伏特（V），简称伏，常用的单位还有千伏（kV）、毫伏（mV）、微伏（μV）等，它们的换算关系为：

$$1kV = 1\,000V；1V = 1\,000mV；1mV = 1\,000\mu V$$

（二）电流

1. 电流的形成

如同水能在水管中流动一样，电荷也能在导体中流动。电路接通后，电荷有规则地定向运动就形成了电流。

水在流动中有快慢之分，电荷在流动中也有强弱之分。电流的强弱用电流强度来衡量，其大小用单位时间内通过导体横截面的电量来衡量，用 I 表示。

电流的单位为安培（A），简称安，常用的电流单位还有千安（kA）、毫安（mA）、微安（μA）等，它们的换算关系为：

$$1kA=1\,000A；1A=1\,000mA；1mA=1\,000\mu A$$

2. 直流电与交流电

直流电：大小和方向不随时间变化的电流，称为直流电。在直流电作用下的电路称为直流电路。

交流电：大小和方向随时间作周期性变化的电流，称为交流电。在交流电作用下的电路称为交流电路。

在直流电路中规定：在外电路，电流从电源正极到负极；在电源内部，电流从电源负极到正极。如图 6-5 所示，电流流动的方向是从电池的阳极流向阴极。

（三）电阻

1. 电阻

导体对电流的阻碍作用称为电阻，用 R 表示，单位制为欧姆，简称欧，用字母"Ω"表示。

经常用的电阻单位还有千欧（kΩ）、兆欧（MΩ）。

$$1k\Omega=1\,000\Omega；1M\Omega=1k\Omega$$

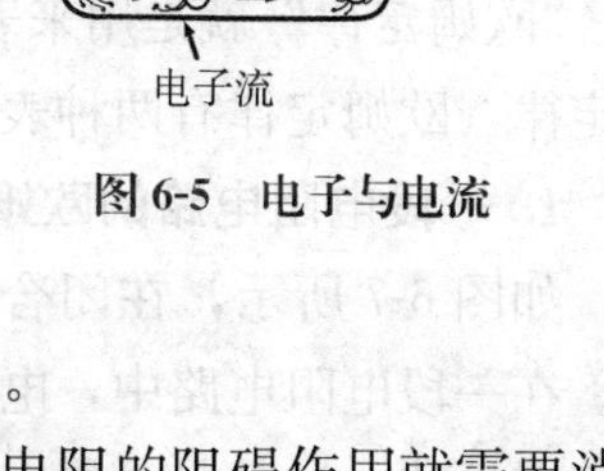

同一材料的电阻与导体的长度成正比，与其横截面积成反比，并与导体材料的性质有关。

图 6-5 电子与电流

任何物质都有电阻，当有电流流过时，克服电阻的阻碍作用就需要消耗一定的能量。电阻元件就是对电流呈现阻碍作用的耗能元件，例如灯泡、电热炉等。

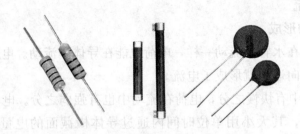

图 6-6　几种常见的电阻

2. 导体、绝缘体和半导体

物体按其导电性能分为三类：导体、绝缘体和半导体。

容易导电的物体称为导体，如铜、铁等。

不容易导电的物体称为绝缘体，如云母、玻璃、橡胶、塑料、陶瓷等。

处于导体与绝缘体之间，有时为导体，有时为绝缘体，这样的物质称为半导体，如硅、锗等。

小贴士

我们在渔船上做导线与导线、导线与配电箱或电机等的接线柱连接时，一定要规范连续，确保接触良好，尽量减小接触电阻，以免长时间工作发热，引发电气火灾。

三、电压与电流的关系

电阻一定时，电压越大，电流就越大；电压一定时，电阻越大，电流就越小。

"欧姆定律"就是用来表明电路中电流、电压和电阻三者之间关系的基本定律，欧姆定律有两种表示形式。

1. 一段电阻电路的欧姆定律

如图 6-7 所示，在闭合电路中仅有电阻那部分电路，称为一段电阻电路。在一段电阻电路中，电阻中流过的电流与电阻两端的电压成正比，与电阻值成反比，这就是一段电阻电路的欧姆定律。

2. 全电路的欧姆定律

如图 6-8 所示，R_L 是负载电阻，一个实际的电源可以用一个电动势 E 和一个内阻 R_0 相串联的理想元件来表示。实验表明，在一段闭合的电阻电路中，电路中的电流与闭合电路的电动势成正比，与电路中的总电阻成反比，这就是全电路欧姆定律。

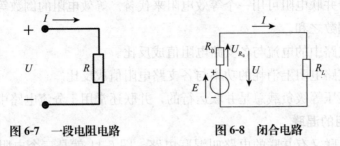

图 6-7 一段电阻电路　　　　图 6-8 闭合电路

四、电阻的连接

电阻的基本连接方法有三种：串联、并联和混联。

1. 电阻的串联

如图 6-9 所示，两个或多个电阻依次连接起来，其中没有分支，这种连接方式称为电阻的串联，它以下几个特点：

（1）串联电路中电流处处相等。

（2）串联电路的总电压等于各电阻上的分电压之和。

（3）串联电阻可用一个等效电阻来代替，等效电阻等于各个串联电阻之和。

（4）串联电路中各电阻上的电压降与其电阻值成正比。

（5）串联电路中各电阻上的电功率与其电阻值成正比。

串联电阻常用于降压、分压、限流电路中。

2. 电阻的并联

如图 6-10 所示，两个或多个电阻的首末端分别连接起来，跨接在两个公共点之间，这种连接方式称为电阻的并联，它有以下特点：

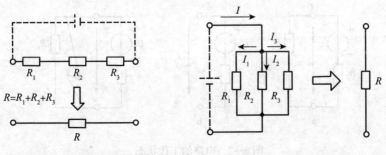

图 6-9 电阻的串联　　　　图 6-10 电阻的并联

①各并联支路两端的电压相等。

②总电流等于各分支路电流之和。

③两个并联电阻可用一个等效电阻来代替。等效电阻的倒数等于各个并联电阻的倒数之和。

④各支路中的电流与各支路电阻值成反比。

⑤各支路电阻上消耗的功率与各支路电阻值成反比。

相同电压等级负载总是并联运行的，并联还常用于分流电路中。

3. 电阻的混联

既有串联又有并联的电路叫混联电路，图 6-11 就是三个电阻的混联电路。对混联电路亦不外乎用串、并联规律求各个电阻的电压降和通过每个电阻的电流。

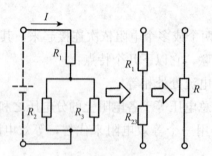

图 6-11　电阻的混联

五、电路的三种状态

电路根据负载情况的不同，有负载、空载、短路三种不同的工作状态，如图 6-12 所示。

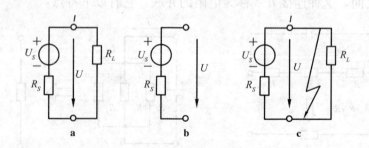

图 6-12　电路的工作状态

a. 负载状态　　b. 空载状态　　c. 短路状态

1. 负载状态

电源与负载接通，电路中有电流通过，电气设备或元器件获得一定的电压和电功率，进行能量转换，称为电路的负载状态。

2. 空载状态

电路中没有电流通过，称为空载状态或开路状态。

3. 短路状态

当电源的电源两端的导线由于某种原因而直相连接时，称为电路的短路状态。当电路处于短路状态时，短路电流很大。

当电路处于短路状态时，输出电流过大，功率全部消耗在内阻上，对电源来说属于严重过载，如没有保护措施，电源或电器会被烧毁或发生火灾，所以通常要在电路或电气设备中安装熔断器、保险丝等保险装置，以避免发生短路时出现不良后果。一旦发生短路时，要迅速切断故障电路，从而防止事故扩大，以保护电气设备和供电线路。但有时由于某种需要，会人为地将电路的某一部分短路。

第二节 交流电的基础知识

大小和方向随时间作周期性变化的电动势、电压和电流，统称为交流电。

若交流电随时间按正弦规律变化，称为正弦交流电，在交流电的作用下的电路称为交流电路。

要确定一个交流电，通常需要以下三个要素：交流电交变的振幅、交变的快慢和交变的起点。正弦量的幅值（I_m）、频率和初相位（φ）恰好反映了这三个要素，$i = I_m\sin(\omega t + \varphi)$，如图 6-13 所示。

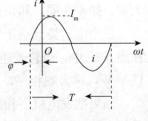

图 6-13 交流电

一、周期与频率

交流电交变一次所经历的时间称为交流电的周期，用 T 表示，单位是秒（s）。交流电 1s 内所完成的交变次数称为交流电的频率，用 f 表示。周期与频率互为倒数。

频率的单位是赫兹（Hz），简称赫。较高的频率通常用千赫（kHz）、兆赫（MHz）作单位。

$$1MHz=1\,000kHz；1kHz=1\,000Hz$$

我国交流电的频率是 50Hz，日本、美国等国家则采用 60Hz 的交流电。

二、最大值与有效值

正弦交流电的瞬时值是随时间变化的，我们通常用有效值来表示交流电的大小。有效值用英文大写字母表示，如用 E、U 和 I 表示。正弦交流电的有效值等于最大值的 $1/\sqrt{2}$ 倍。

三、相位

两个电动势尽管频率相等，最大值也一样，但由于交变的起点不同，则它们在各瞬间的数值就不一致。

第三节　三相电源、三相负载的连接方法

一、三相交流电路

所谓三相交流电路，是指由三个单相交流电路所组成的电路系统。

对于三相制电路的每一相来说，在本质上和单相电路是没有差别的，因此单相电路中的电压与电流关系也适用于三相电路中的每一相，但是三相电路也有其自身的特殊性。

在三相交流电路的三个单相电路中，三个电动势、交流电流或交流电压具有最大值相等、频率相同，但在相位上互差 120° 的特征，我们统称为三相对称交流电。三相对称交流电是由三相交流发电机产生的，其三个电动势最大值、频率相同，相位互差 120°，称为三相对称电动势。

三个电动势到达正的（或负的）最大值的次序称为三相交流电的相序，在图 6-20 中，当转子逆时针转动时，电动势依次达到正的最大值的次序为 U-V-W，称为顺相序，若转子顺时针转动时，相序为 U-W-V，称为逆相序。

如果把发电机三相绕组的各两端分别接上负载，就成为三个互不连接的单相电路，显然这种方式仍需六根导线，这样就显示不出三相交流电的优越性。

因此实际上把三相绕组接成星形（Y形），如图 6-14 所示。把三相发电机绕组的末端 U2、V2、W2 连接在一起，成为一个公共点，称为中点（或零点），标以 N，从中点引出的导线称为中线（或零线），有时中线接地，也称地线。从三个绕组的起端 U、V、W 分别引出的导线称为相线（或端线，有时也与地线相对应称为火线）。这样就把互不连接的三个单相电路，连成了三相四线制 Y_N 形电路。

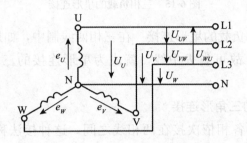

图 6-14　三相四线制 Y_N 形电路

在三相四线制电路中，相线与中线之间的电压，即各相绕组的起端与末端之间的电压，称为相电压，一般用符号 U_P 来表示。

规定相电压的正方向从相线指向中线。

相线与相线之间的电压称为线电压，线电压的有效值一般用符号 U_l 来表示。

电源作 Y 形连按时，线电压的大小为相电压的 $\sqrt{3}$ 倍，线电压较相应的相电压超前 30°相位。

二、三相负载的连接

如果每相负载相同，这种负载便称为三相对称负载。否则，就称为三相不对称负载。

三相负载有星形（Y形）和三角形（△形）两种连接方式，星形连接又可分为不带中线的 Y 形连接和带中线的 Y_N 形连接两种。

1. 三相负载的星形连接

（1）三相不对称负载的星形连接　在三相四线制中，规定中线不准安装熔断器和开关，有时中线还采用钢芯导线来加强机械强度，以免断开，如图 6-15 所示。

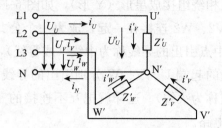

图 6-15　三相负载的星形连接

（2）三相对称负载的星形连接　在三相四线制中，如果负载对称，中线内没有电流流过，故可省去中线，就成为星形连接的三相三线制（Y形）电路。

2. 三相负载的三角形连接

把三相负载的各相依次接在两相线之间，这种接法称为负载的三角形（△形）连接。这时不论负载是否对称，各相负载所承受的相电压均为对称的电源线电压，如图 6-16 所示。

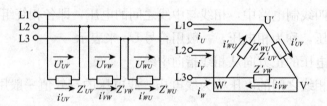

图 6-16　三相负载的三角形连接

第七章　电工仪表

第一节　电流及电压的测量

一、电流的测量

电流表又叫安培表，是用来测量电流的，有直流电流表（图7-1）与交流电流表（图7-2）两大类。

图7-1　指针式直流电流表

图7-2　指针式交流电流表

电流表应串联在电路中，如图7-3所示。

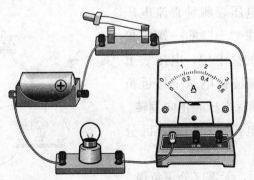

图7-3　测量电流

电流表的内阻很小，因此，应特别注意不能将电流表并联在电路的两端，否则电流表将被烧毁。

使用指针式电流表测量直流电流时，电流表上标注"＋"的一端应接电路中接近正极的高电位，电流表上标注"－"的一端应接电路中接近负极的低电位，以确保电流表正向偏转。

测量直流电流时，一定要区分接线柱的极性。

测量交流电时，无需区分正负极。

用电流表直接测量电流时，应确保电流表的量程大于被测电路的实际估值电流。

二、电压的测量

电压表又叫伏特表，是用来测量电压的，有直流电压表（图 7-4）与交流电压表（图 7-5）两大类。

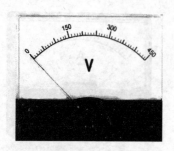

图 7-4　指针式直流电压表

图 7-5　指针式交流电压表

电压表应并联在电路中，如图 7-6 所示。

使用指针式电压表测量直流电压时，电压表上标注"＋"的一端应接电路中接近正极的高电位，电压表上标注"－"的一端应接电路中接近负极的低电位，以确保电压表正向偏转。

在测量直流电压时，一定要区分接线柱的极性。

测量交流电时，无需区分正负极。

用电压表直接测量电压时，应确

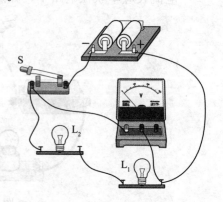

图 7-6　测量电压

保电压表的量程大于被测电路的实际估值电压。

第二节 功率的测量

电功和电功率是反映电的消耗与做功能力的物理量。

一、电功

电流所做的功叫电功，是指在一定的时间内电路元件或设备吸收或发出的电能量，用符号 W 表示，其单位为焦耳。

在图 7-7 所示的直流电路中，AB 两点的电压为 U，电路中的电流为 I，则负载电阻 R_L 在 t 时间内所消耗（或吸收）的电能为：

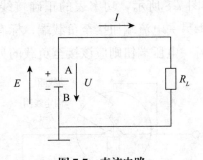

图 7-7 直流电路

$$W = UIt$$

电流通过电动机会带动器运转，通过灯泡会发光，通过电炉会发热，这些现象都说电流做了功，其工作过程也是将电能转换为其他形式能的过程。

在生产和生活中，我们经常用"度"或千瓦时（kWh）来表示电功的单位，1 千瓦时也就是 1 度电，指的是 1 千瓦功率的设备，使用 1 小时所消耗的电能。如 100W 的灯泡工作 10h，其消耗的电能就是 1 千瓦时或者俗称 1 度电。

二、电功率

电功率是衡量电能转化为其他形式能量快慢的物理量。

单位时间内消耗的电能称为电功率（简称功率），用 P 表示，即

$$P = \frac{W}{t} = UI$$

功率的单位为瓦特（W），常用的单位还有千瓦（kW）、毫瓦（mW），换算关系为：

$$1kW = 1\,000W;\quad 1W = 1\,000mW$$

三、电功率的测量

1. 直流电流功率的测量

（1）用电压表和电流表测量直流电路功率，功率等于电压表与电流表读数的乘积，即 $P = UI$。

（2）用功率表测量直流电路功率，功率表的读数就是被测负载的功率。

2. 单相交流电路功率的测量

测量单相交流电路的功率应采用单相功率表。功率表的接线必须遵守"发电机端"规则。如图 7-8 所示，功率表的正确接线应将标有"＊"号的电流端钮接至电源端，另一电流端钮接至负载端；标有"＊"号的电压端钮可接至任一端钮，但另一电压端钮则应该接至负载的另一端。

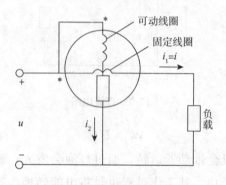

图 7-8　功率测量接线图

读一读

三相交流电的电路功率测量

（1）用单相功率表测量三相四线制电路功率　用 3 个单相功率表分别接 3 条线路，电路总功率为三只功率表读数的和。

（2）用单相功率表测量三相三线制电路功率　用两个单相功率表分别接好全部三根线，电路总功率为两只功率表的读数之和。

第三节　万用表的使用

万用表又称复用表，是一种携带式的多功能、多量程的仪表。

万用表可分为指针式万用表和数字式万用表两大类。

一、指针式万用表

指针式万用表的表头其实是一个直流电流表，测量电阻、电压和电流都要经过表内电路转换成驱动表头指针摆动的电流。

指针式万用表的刻度盘与万用表的测试档位相关，它的刻度盘上有多条对应于不同测量项目的标尺，其中，电流、电压表标尺刻度均匀，左端指示零，欧姆表标尺刻度不均匀，右端指示零，左端指示无穷大"∞"。

图7-9　指针式万用表表头校正

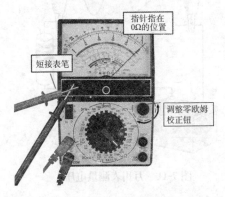

图7-10　指针式万用表电阻档调零

不同的万用表的刻度线可能有所不同，但读取方法基本是相同的：电阻刻度线从右往左读（从小到大）；其他测试项的刻度通常是从左往右读。

在使用指针式万用表时，应根据所测试项目，以使最终测量时万用表的指针处于偏刻度盘的中间位置为原则，来选择合适的档位，这样读数相对更准确些。

在使用万用表之前，应对万用表进行调零操作。

（1）机械调零　将万用表平放，检查万用表的指针是否在左侧的0位，如不在0位，则通过调零旋钮使表的指针位于左侧0刻度位置。

（2）电阻档调零　将红、黑两个表笔短接，检查万用表的指针是否在左侧的 0 位，如不在 0 位，则通过调零旋钮使表的指针位于左侧 0 刻度位置。

1. 电流、电压的测量

首先应将两个表笔分别插在表的两个测试笔孔上，一般红表笔插在标有"＋"的笔孔内，黑表笔插在标有"－"的笔孔内。若选择与量程开关拨到 mA50 的位置，此时，万用表就是一只量程为 50mA 的直流电流表。

若选择与量程开关拨到 V100 的位置，此时万用表就是一只量程为 100V 的直流电压表。其他各档类同，使用方法与直流电压、电流表相同。

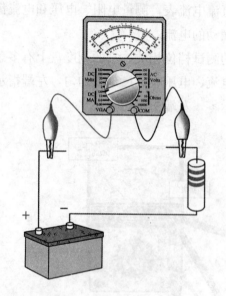
图 7-11　万用表测量电压

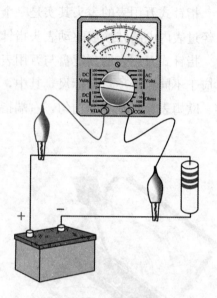
图 7-12　万用表测量电流

小贴士

在使用指针万用表测量电压、电流时，如果不确定哪个点是高电位，可使用黑表笔触接电路中的一点，并用红表笔快速的接触另一个测试点，如果指针右偏，说明接法正确，否则应掉换黑、红表笔的位置再测。

测量交流电压、电流不用区分正负极。

2. 电阻的测量

万用表测量电阻时不用区分黑、红两表笔。

主要是要选择合适的档位和调零。

若电阻档不能调零，很可能是因万用表电池电量不足，需更换电池后再调零。

测量时被测电阻应与电源断开，万用表表笔分别与电阻两端相接。

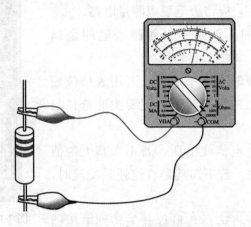

图7-13 万用表测量电阻

测量电阻时的读数与测量电流、电压时不同，指针所指示的读数并不表示被测电阻值，它还同选择与量程开关所指的倍率有关，将指针读数乘以所测档的倍率，才是实际电阻值。例如，用"RX10"档测量电阻，指针在欧姆表标尺上的读数是20，则实际电阻值为$20 \times 10 = 200\Omega$。

使用万用表的电阻档除可以测量电阻外，还可以用来测量电路是否出现短路（电阻几乎为0）、开路、检查导线是否断线（电阻∞大）。

二、数字式万用表

数字式万用表采用数字处理技术直接显示所测的数值，但其基本功能与指针式万用表相同。

三、万用表使用注意事项

万用表使用可简要地归纳为5个步骤：一看、二扳、三试、四测、五复位。

使用万用表时应注意：

①检查表笔及其连接线绝缘是否完好。

②千万不可在电流档测电压，如电流档误作电压档测量，会将电表烧坏。

③转换档位前，应将表笔脱离测量电路。

④带电作业时，千万不可触碰表笔的金属部分。

⑤使用万用表时要水平放置，万用表档位较多，改换测量项目或量程时，一定要拨准选择与量程开关。

⑥特别是测量电流或电压，若不知其大约值时，先用高档试测，若不知其是直流还是交流时，先用交流档试测。

⑦测量完毕应将选择与量程开关转到电压档的位置。

图7-14　数字式万用表

第四节　兆欧表的使用

兆欧表又称绝缘电阻表，俗称摇表，能够反映出绝缘体在高压条件下工作真正的电阻值。渔船上主要用来测量电路、设备的对地绝缘状况。

兆欧表的型号很多，根据不同的结构可以分为模拟式兆欧表（图7-15）、数字式兆欧表（图7-16）、模拟/数字式兆欧表（图7-17）三种。这里仅对常用的模拟式兆欧表作简单介绍。

图7-15　模拟式兆欧表　　　图7-16　数字式兆欧表　　　图7-17　模拟/数字式兆欧表

模拟式兆欧表主要由三部分组成：直流高压发生器、测量电路和显示电路。兆欧表有三个接线端，分别是"L"端（线路段）、"E"端（地端）、"G"端（屏蔽端），根据测试项目的要求对应连接。

兆欧表的测量线路如图7-18所示。图中，虚线框内表示兆欧表的内部电路，被测绝缘电阻 R_X 接于兆欧表"线路"和"地线"端钮之间。此外，在"线路"端钮的外圈上还有一个铜质圆环（图中虚线圆），叫做保护环，又叫屏蔽接线端钮，它直接与发电机负极相接。

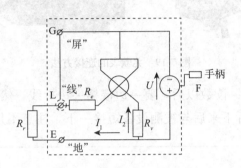

图7-18 兆欧表的测量线路

1. 兆欧表的选用原则

（1）兆欧表额定电压等级的选择 一般情况下，额定电压在500V以下的设备，应选用500V或1 000V的兆欧表；额定电压在500V以上的设备，应选用1 000～2 500V的兆欧表。

（2）兆欧表电阻量程范围的选择 兆欧表的表盘有两个小黑点，黑点之间的区域为准确测量区域，所以在选表时应使被测量设备的绝缘电阻值在这个区间内。

2. 兆欧表的使用

（1）校表 测量前必须将兆欧表作开路与短路测试，以确保兆欧表能正常使用。将两连接线开路，指针应指在"∞"处，再把两连接线短接，指针应指在"0"处。如果测试结果不符合上述情况，则不能正常使用。

（2）被测设备应与线路断开 对于大电容设备还要先进行放电。

（3）选用合适的电压等级

（4）测量绝缘电阻 一般只用"L"端（线路段）、"E"端（地端），但在测量电缆对地绝缘电阻或被测设备的漏电流严重时，就应使用"G"端（屏蔽端），并将"G"端接屏蔽层或外壳。线路接好后，可按顺时针方向摇动摇把，由慢到快，直至 120 r/min，并保持 1min 后读数，并且要边摇边读，不可停下来读数。

图 7-19　兆欧表的连接方法

（5）拆线放电　读数以后，要一边慢摇一边拆线，然后将被测设备放电（兆欧表上的地线拆下来后与被测设备短接一下，注意不是将兆欧表放电）。

兆欧表是一种只用来测量高值电阻的电表，所以用它代替一般的欧姆表来测量一般的电阻值是不恰当的。

测量时，设备应断开电源，绝对不能用摇表测量低压电气设备的绝缘。

兆欧表未停止转动之前或被测设备未放电之前，严禁用手触及，拆线时，也不要触碰引线的金属部分。

兆欧表线不能绞在一起，要分开。

测量中如发现指针为 0，应立即停止摇动手柄，以免损坏兆欧表。

由于兆欧表没有产生反作用力矩的游丝，所以使用前其指针可以停留在标度尺的任意位置上。

第八章　渔船电机

第一节　电　与　磁

一、磁场和磁力线

磁铁的周围存在着磁场，磁铁又有两个极，一个叫南极，用字母"S"表示，一个叫北极，用字母"N"表示，两极磁性最强。

磁铁周围的磁场情况可以形象地的用磁力线来描述。

在条形磁铁的磁场作用下，铁粉受到磁场作用排列成有规律的图案，体现了磁力线在磁极之间的分布。图8-1是条形磁铁的磁力线分布情况。磁力线具有以下特征：

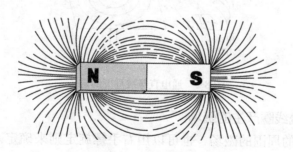

图 8-1　磁力线分布

①磁力线在磁体外部由 N 极到 S 极，在磁体内部由 S 极到 N 极。任两条磁力线互不交叉，且每一条磁力线都是闭合曲线。

②磁力线上任一点的切线方向即为该点的磁场方向。

③磁场的强弱可用磁力线的疏密来表示，磁力线越密，磁场越强。

二、磁场的基本物理量

1. 磁感应强度

磁感应强度又叫磁通密度，是用来描述磁场内某点的磁场强弱和方向的物理量，用字母 B 表示，单位为特斯拉（简称特），用 T 表示。

2. 磁通

磁通是用来描述磁场中某一范围磁场强弱和方向的物理量，用字母 Φ 表示，单位为韦伯，用 Wb 表示。

使原来没有磁性的物体具有磁性称为磁化。铁磁物质放在磁场中，当磁场移去后，仍能保持一定的磁性，我们称之为剩磁。

三、电流的磁效应

电流的周围空间存在磁场，这种现象叫做电流的磁效应。

（一）载流导线产生的磁场

载流导线产生的磁场方向与电流方向的关系可以用右手螺旋定则来确定。即用右手握住导线，拇指所指的方向为导线的电流方向，弯曲的四指所指的方向，就是磁的场方向，如图 8-2 所示。

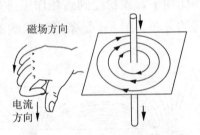

图 8-2　通电直导线周围的磁场

（二）载流线圈产生的磁场

载流线圈的周围的磁场，也可以用右手螺旋定则来确定。所不同的是，用右手握住线圈，使弯曲的四指与电流正极方向一致，拇指所指的方向就是线圈内磁场的方向，如图 8-3 所示。

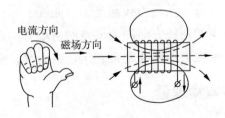

图 8-3　通电线圈周围的磁场

通常空心线圈称为螺线管，铁心线圈称为电磁铁，产生磁场的电流称为励磁电流。

铁磁材料中磁化过程中，磁场感应强度在初始阶段随着电流的增强而增强，但当电流达到一定值时，磁场感应强度将不再增加的现象，我们称为磁饱和。

四、磁场对载流导体的作用

如果把载流导体放在另一个磁场中会受到力的作用，这种电流与磁场的相互作用力，称为电磁力。

如图 8-4 所示，把一段直导体马蹄形磁铁中，当导体通电后，可以看到导体从静止开始运动。若改变磁场的方向或导体中电流的方向，则导体会向相反的方向运动。

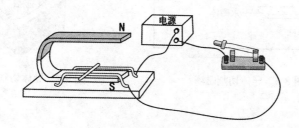

图 8-4 磁场对载流导体的作用

载流导体受力的方向与磁力线方向和电流方向有关。它们的关系可用左手定则加以确定：将左手伸平，拇指与四指垂直并在一个平面上，让磁力线穿进手心，四指指向电流的方向，则拇指所指的方向就是导体受力的方向，如图 8-5 所示。

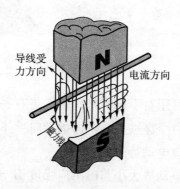

导线受力方向

电流方向

磁力线

图 8-5 磁场对载流导体的作用

磁场中的载流导体所受的电磁力大小与磁场强度 B、导体中的电流 I、磁场中导体的长度 l 及电流与磁力线夹角 α 的正弦成正比。

五、电磁感应

电磁感应：当导体相对磁场作切割磁力线运动或线圈中的磁通发生变化时，导体和线圈中就会产生感应电动势的现象。如图 8-6、图 8-7、图 8-8 所示。

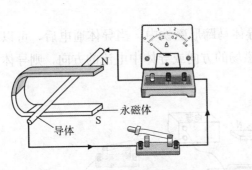

图 8-6　导体切割磁场

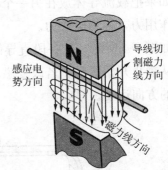

图 8-7　导体切割磁场

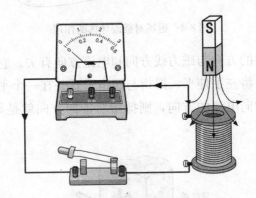

图 8-8　线圈切割磁场

感应电动势的方向可用右手定则来确定：将右手伸平，拇指与四指垂直并在一个平面上，让磁力线穿进手心，拇指指向导体切割磁力线的方向，则四指所指的方向就是感应电动势的方向。

导体中产生的感应电动势大小与磁感应强度 B 导体有效长度 l 和导体的运动速度、磁场与导体运动方向夹角的正弦成正比。

第二节　直流电机

一、直流电机的构造

直流电机是指能将直流电能转换成机械能（直流电动机）或将机械能转换成直流电能（直流发电机）的旋转电机。它是能实现直流电能和机械能互相转换的电机。当它作电动机运行时是直流电动机，将电能转换为机械能；作发电机运行时是直流发电机，将机械能转换为电能。

直流电动机具有调速平滑、调速范围广和启动转矩大等特点。因此，在小型渔船及渔船上对调速要求高或者启动转矩大的机械常用直流电动机拖动，如船用起货机、锚机等。

直流电机的构造如图8-9、图8-10所示。直流电机由固定的不动的定子和转动的转子两大部分组成。定子由主磁极、换向极、机座、端盖和电刷装置组成。转子由电枢铁芯、换向器、电枢绕组、转轴和风扇组成。

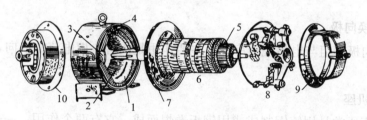

图8-9　直流电机的结构图

1. 绕组　2. 主磁极　3. 换向极　4. 机壳　5. 换向器　6. 电枢　7. 风扇　8. 刷架　9、10. 端盖

图8-10　直流电动机

（一）定子部分

定子的作用是产生磁场和作电机的机械支撑。主要由以下几个部分组成：

1. 主磁极

如图 8-11，主磁极由主磁极铁芯和励磁绕组两部分组成。当励磁绕组中通过直流电流时，主磁极便产生恒定磁场，当励磁电流等于零时，一般主磁极铁芯仍有一定的剩磁。

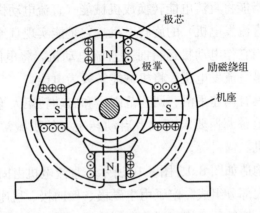

极芯

极掌

励磁绕组

机座

图 8-11　直流电机的剖面图

2. 换向极

换向极绕组与电枢绕组串联，主要作用是改善电枢电流的换向，减小换向火花。

3. 机座

机座通常是用铸钢制成或用钢板卷焊而成。它有两个作用：一是作为直流电机的固定支撑和防护的部件；二是作为磁路的一部分。

4. 电刷装置

电刷装置主要由电刷、刷握、刷杆座和铜丝刷辫等组成，如图 8-12 所示。

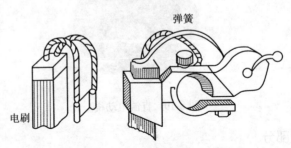

弹簧

电刷

图 8-12　带电刷的刷握

（二）转子部分

直流电机的转子通常称为电枢，如图 8-13 所示，旋转的电枢是由电枢铁芯、电枢绕组及换向器所组成。

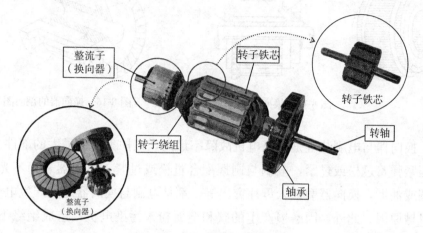

图 8-13 直流电机转子（电枢）

1. 电枢铁芯

电枢铁芯是主磁路的一部分，如图 8-14 所示。

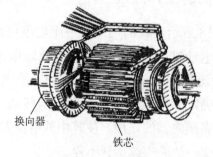

图 8-14 电枢简图

2. 电枢绕组

电枢绕组是用绝缘铜线或铜排绕成的线圈，按一定的规则嵌入电枢铁芯的槽内。

3. 换向器

换向器由许多带有鸽尾的铜质换向片组成，片与片之间用云母片绝缘隔开，如图 8-15 和图 8-16 所示，装在电枢轴的一端。换向器是直流电机的构造特征。

换向器的作用是将电枢线圈中的交流变为直流输出或相反。

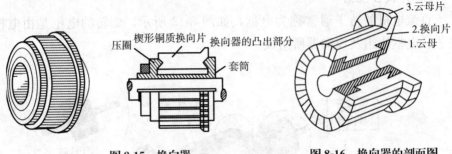

图 8-15　换向器　　　　　　　　图 8-16　换向器的剖面图

　　换向器与电刷装置是直流电机故障率最高，维护工作量最大的部件。电刷压紧弹簧过松或过紧，电刷与刷握配合过松或过紧，换向器表面不光滑、不圆或油垢，换向器磨损云母片突出等，都是电刷与换向器之间产生电火花的机械原因。此外，因磨损产生的碳和金属粉末污染电机，造成绝缘下降，需要定期清洁。

　　除此之外，还有轴承、风扇、接线板和出线盒等。

二、直流电动机的工作原理

　　如图 8-17、图 8-18 所示，我们用只有一个电枢绕组的最简单的直流电动机模型来说明直流电动机的基本工作原理。此时电流由正极 A 流进，由负极 B 流出。由于载流导线受到电磁力的作用，故电枢产生一电磁转矩。运用左手定则，可以确定其电枢应按逆时针方向转动。当导线从 N 极范围转入 S 极范围时，依靠换向器的作用，使其中的电流方向也同时改变。因而电动机的转矩方向不变，故能连续旋转不停。

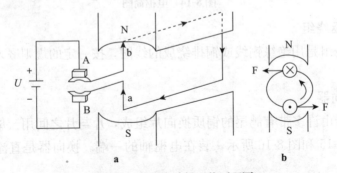

a　　　　　　　　　　　　　　b

图 8-17　直流电动机工作原理图

a. 直流电动机原理图　b. 线圈受力方向

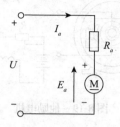

图 8-18 直流电动机电枢等效电路

当电动机转动后，电枢导体因切割磁力线而产生感应电动势 E_a，根据右手定则可知，此电动势的方向与电枢电流的方向正好相反，故为一反电动势，用 E_a 表示：$E_a = C_e \Phi n$

由于电枢绕组中存在有反电动势，所以加在电动机电枢两端的电压应分为两部分：其一用来平衡反电动势；其二为电枢绕组的电阻电压降。因此直流电动机的电压平衡方程式为：$U = E_a + I_a R_a$。

当电磁转矩 $T = C_T \Phi I_a$ 与负载转矩 T_e 相等时，电动机等速旋转。如果增大负载（增大到 T_e'）。这时的电磁转矩不足以平衡轴上的负载转矩，即 $T < T_e'$，电动机开始减速。随着转速降低，在 R_f 不变的情况下，I_f 和 Φ 亦不变，电枢的反电动势减小。电枢电流逐渐增加，电磁转矩亦逐渐增大。最后，当严 $T = T_e'$ 时电动机就不再减速，而是以较低的转速再作匀速旋转。由此可见，当电动机负载增大时，电动机取用的电流和电功率将随之增大，但转速要有所下降。

如果电动机的负载减小，即 $T > T_e'$，则转速上升，其过程与上述情况相反。

三、直流电机的分类

把机械能转换为直流电能的电机称为直流发电机；将直流电能转换机械能的电机称为直流电动机。

除特殊微型直流电机的磁板采用永久磁铁外，普通直流电机的磁极磁通均由励磁绕组通以励磁电流而产生。按主磁极励磁绕组与电枢绕组的连接方式的不同，可分为他励、并励、串励和复励四种，如图 8-19、图 8-20、图 8-21、图 8-22 所示。

并励、串励、复励电机在作发电机时，其励磁电流都是由它自己供给的，故称为自励发电机。

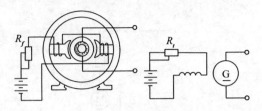

图 8-19　他励电机

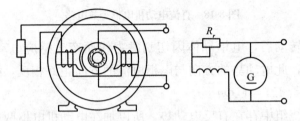

图 8-20　并励电机

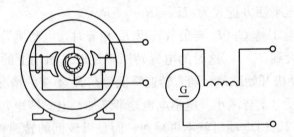

图 8-21　串励电机

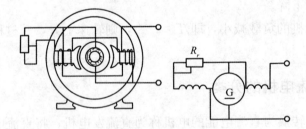

图 8-22　复励电机

四、直流电动机的启动、调速、反转和制动

1. 直流电动机的启动

电动机接通电源后由静止到稳定运行的过程，称为启动，见图 8-23。

直流电动机直接启动时的启动电流很大，达到额定电流的 10～20 倍，

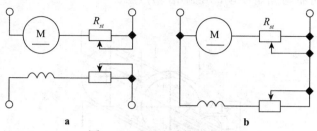

图 8-23　直流电动机的启动

a. 他励式　b. 并励式

因此必须限制启动电流。限制启动电流的方法就是启动时在电枢电路中串接启动电阻。

因此，一般 0.5kW 以上的直流电动机在额定电压下启动时，必须在电枢回路串入启动电阻来限制启动电流，待直流电动机启动后，随着电动机转速的上升，再分级切除启动电阻。

2. 直流电动机的调速

在同一负载下，通过改变电动机的转速，以满足工作的需要，称为调速。

直流电动机的调速方法有三种：改变磁极磁通调速、改变电枢电压调速和电枢回路串联电阻调速。

3. 直流电动机的反转

如果改变电枢电流的方向或励磁电流的方向，便可使直流电动机反转。

4. 直流电动机的制动

当电动机的电磁转矩的方向与旋转方向相反时，即为电动机的电气制动运行状态，此时电磁转矩成了制动转矩。电动机的电气制动主要被应用于使拖动系统减速或迅速停车、起货机的等速落货等场合。

电动机电气制动的方法有三种：能耗制动、再生制动和反接制动。

五、直流发电机

当导体在磁场中运动而产生感应电动势时，导体便成了电源，若把它与外电路接通，便形成感应电流，将导体中的能量输送给外电路的负载。

1. 直流发电机的基本工作原理

图 8-24 示，表示一台最简单的直流发电机。具有一匝线圈的电枢放置在静止的磁极 N 与 S 之间。电枢绕组的两端分别焊接在两个相互绝缘的换

向片上，换向器与固定不动的电刷滑动接触。

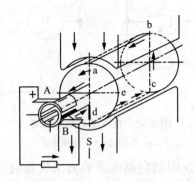

图 8-24　最简单的直流发电机

当电枢被原动机驱动按逆时针方向旋转时，导线使切割磁力线产生感应电动势，其方向如图 8-24 所示，电流由电刷 A 流出，由电刷 B 流进。当导线从 N 极范围转入 S 极范围时，导线中的电动势改变方向。但由于换向器随同电枢一起旋转，使电刷 A 总是接通 N 极下的导线，故电流仍然由 A 流出，由 B 流进，即 A 总为正极，B 总为负极，因而外电路中的电流方向不变。虽然依靠换向器的作用，能把线圈内的交变电动势在电刷间变换为方向不变的电动势，但它的大小仍然是脉动的。如欲获得在方向和量值上均为恒定的电动势，则应把电枢铁芯上的槽数和线圈数目增多，同时换向器上的换向片数也要相应地增多。直流发电机的电动势是因导线切割磁力线而产生的，故两电刷间电动势 E 的大小就与发电机的转速 n（r/min）和每极磁通 Φ 的乘积成正比，即：

$$E = C_e \Phi n$$

式中 C_e 称为电机常数，它与电机的构造有关，对已制造好的电机而言，C_e 是定值。

2. 自励直流发电机电压的建立条件

自励直流发电机电动势建立的过程如下：

当自励直流发电机的电枢被拖动旋转时，电枢绕组切割剩磁磁场产生一个很小的电动势，使励磁回路产生一个很小的励磁电流，产生附加磁场，当附加磁场与剩磁磁方向相同时，合成磁场加强，导致电枢感应电势增大，这样又引起励磁电的增大，如此循环，电势逐步升高，直到励磁电流所建立的主磁场达到磁饱和之后，在电枢绕组中产生的感应电动势就而达到稳定值了。

自励直流发电机电动势建立必须具备下列条件：

①发电机主磁场必须具备足够的剩磁。

②励磁电流的建立的附加磁场必须与剩磁方向相同。

③励磁回路电阻值小于临界阻值。

④发电机必须达到一定的转速。

自励直流发电机所以能够自励，是由于它的主磁极留有剩磁的缘故。由于环境温度升高、振动或长期放置等原因，剩磁消失或强度不够，需用外接电源（一般用干电池）对主磁极铁芯充磁，以恢复剩磁。

3. 直流发电机的外特性

直流电机的外特性表示发电机保持转速不变，励磁电流不变，端电压 U 与负载电流 I 之间的关系，即 $U = f(I)$ 的关系。此曲线为一条微微下倾的曲线，即端电压随负载的增加而逐渐降低。发电机在有载时端电压下降的主要原因是电枢电流 I_a 在电枢电阻 R_a 上的电压降 I_aR_a 随负载电流的增加而增大，故 $U = E - I_aR_a$ 下降。但他励发电机的端电压下降不太大，基本上还算是一个恒压源，而并励发电机的端电压下降相对稍大。

六、直流电机的接线、维护保养及故障排除

1. 直流电机绕组出线端标记

表 8-1　直流电机出线端标记

绕组名称	出线端标记	
	始端	末端
电枢绕组	S1	S2
换向绕组	H1	H2
串励绕组	C1	C2
并励绕组	F1（或 B1）	F2（或 B2）
他励绕组	T1	T2

2. 直流电机的维护保养

①保持直流电机外表清洁，防止油污、水分渗入电机内部。

②经常检查接地装置及接线头是否牢靠，底脚螺丝是否松动，并测量线圈与机壳间绝缘阻值不少于 $0.5 M\Omega$。

③换向器应呈正圆形，表面光洁，不得有机械损伤或火花灼痕。若出

现灼痕，应用零号砂布研磨，严重时需进行光车；若云母凸出，须进行拉槽，槽深 1～1.5mm。当换向器在负载下长期无火花运转时，换向器表面有一层坚硬的深褐色薄膜产生，这层薄膜能保护换向器不受磨损，须予以保留。

④定期检查电刷与换向器工作面是否接触良好，压力适当，在刷握内是否活动自如。更换新电刷，型号、尺寸要相同，并通过研磨，使其与换向器表面吻合良好。

⑤经常检查机壳、轴承的温升，定期添加润滑脂（运转 2 000～2 500h）。

⑥电机运行中不应有异常响声，不要长时间超载运行，在额定负载下火花不能太大。

4. 直流电机的故障排除

直流电机的故障排除，主要是分析故障原因，找出故障的所在，对症下药。轻者由轮机管理人员予以修复，重者送厂修理。渔船上广泛应用的直流复励电动机，其常见故障及排除方法如表 8-2 所示。

表 8-2　直流电机的故障排除

序号	故障现象	可能原因	排除方法
1	发电机电压 不能建立	①剩磁消失 ②励磁线圈出线接反 ③旋转方向错误 ④励磁电路电阻太大或断路 ⑤电枢短路或断路 ⑥电刷接触不良	①用外电源充电 ②重新接线 ③改变旋转方向 ④将线接妥，螺丝拧紧 ⑤更换新绕组 ⑥保持良好接触
2	发电机 电压过低	①部分磁场线圈短路 ②转速太低或皮带打滑 ③电刷位置不正 ④电刷弹簧压力不足 ⑤换向极绕组接反 ⑥负荷过重 ⑦磁场电流太弱	①更换磁场线圈 ②提高转速、上紧皮带 ③正确安装电刷 ④更换电刷弹簧 ⑤重新接线 ⑥减轻负载 ⑦增大磁场电流

（续）

序号	故障现象	可能原因	排除方法
3	电动机不能启动	①线路中断，无电源	①可以检查保险是否烧断，主接触器触点是否烧坏而接触不良
		②并激绕组断开	②有一定负载时，电机不能运转，无负载时可能出现"飞车"现象
		③启动时负载过重	③减轻负载
		④电枢电路短路	④包括电枢绕组短路，换向极绕组、串激绕组短路，串入电阻的损坏等都可能使电枢电路短路
		⑤启动电流太小	⑤更换启动电阻
		⑥电网电压低	⑥电动机负载时，电压低而不能启动，同时电枢电流大，温度升高的现象
		⑦碳刷偏离中性线较远	⑦碳刷不在中性线上，势必短路一些作功的电枢线圈，使电动机出力不足，带不动负载
		⑧电刷接触不良	⑧保持电刷接触良好
4	电动机过热	①电动机过载	①减轻负载
		②电枢绕组有短路	②更换电枢绕组
		③电枢绕组绝缘损坏	③修复电枢绕组绝缘
		④磁场线圈局部短路	④更换磁场线圈
5	电刷下产生火花	①电枢电流过大或转速过高	①减小电枢电流，调低转速
		②电刷与换向器接触不良	②保持良好接触
		③电刷与刷握配合不当	③按要求调整电刷与刷握
		④换向器表面不光洁，不圆或有污垢	④保持换向器表面光洁、正圆、清洁
		⑤换向片间云母凸出	⑤整理云母片
		⑥电刷位置不正或磨损过度	⑥调整电刷位置或更换电刷
		⑦过载或负载剧烈波动	⑦减轻负载，保持负载稳定
		⑧电机底脚松动，发生振动	⑧重新加固电机

第三节　异步电动机

一、三相异步电动机

目前，在采用交流电的渔船上，异步电动机被大量的使用。异步电动机也称为感应电动机，这是一种结构简单、运行可靠、维护方便和价格低廉的电动机，其缺点是调速性能较差。

（一）三相异步电动机的结构

异步电动机由定子和转子两大部分组成。定子是由机座、铁芯、三相绕组等组成。机座通常由铸铁或铸钢制成。机座内装有硅钢片叠成的筒形铁芯。三相异步电动机的定子绕组由 3 个独立的绕组构成，各绕组的线圈数目相等地，均匀对称地分布在定子的铁芯槽中，如图 8-25 所示。

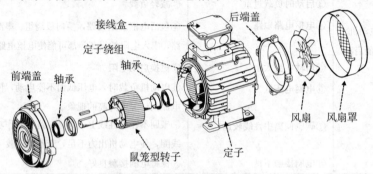

图 8-25 三相异步电动机结构图

三相异步电动机定子绕组的由三个起端 U1、V1、W1 和三个末端 U2、V2、W2，都接在电动机的接线盒的接线柱上。接线柱分上下两排，须视电力网的线电压和各相绕组允许的工作电压，三相定子绕组可接成星形，也可接成三角形。例如，电力网的线电压是 380V，定子各相绕组允许的工作电压是 220V，则定子绕组必须作星形连接，如图 8-26（a）所示；若各相绕组允许的工作电压也为 380V，则应作三角形连接，如图 8-26（b）所示。三相异步电动机的接法，在它的铭牌上已经注明。通常 3kW 以下的多接成星形，4kW 以上的多接成三角形。如果铭牌上标明"380V/220V Y/△"，其意义是当电源电压是 380V 是应接成星形，220V 时则应接成三角形。

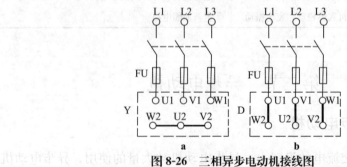

图 8-26 三相异步电动机接线图

a. 星形连接 b. 三角形连接

三相异步电动机的转子一般有两种形式：鼠笼式和线绕式。

鼠笼式转子的结构如图 8-27 所示，其铁芯系硅钢片叠成，并固定在转轴上。在转子的外圆周上有若干均匀分布的平行槽，槽内放置裸铜导体，这些导体的两端分别焊接在两个铜环（称为端环）上，绕组的形状与鼠笼相似，故称其为鼠笼式转子。100kW 以下的鼠笼式电动机，其转子通常是用铝浇铸在槽内而制成，称为铸铝转子。

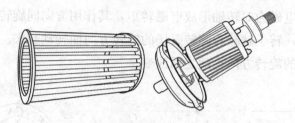

图 8-27　鼠笼式转子

线绕式转子的结构如图 8-28 所示。通常把转子三相绕组的三个末端接在一起，成为星形连接，三个起端分别接到固定在转轴上的三个铜滑环上。滑环除相互绝缘外，还与转轴绝缘。三个固定不动且互相绝缘的电刷分别与三个滑环接触，使转子绕组与外加变阻器接通，以便启动电动机。但在正常运转时，把外加变阻器转到零位，同时使三个滑环接在一起。此时，它就与鼠笼式转子的接法相同。具有线绕式转子的电动机，称为线绕式电动机。

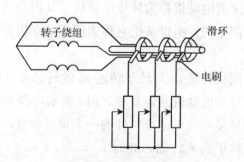

图 8-28　绕线式转子

必须指出，异步电动机只有定子绕组与交流电源连接，而转子绕组则是自行闭合的。

（二）三相异步电动机的工作原理

1. 三相异步电动机的工作原理

异步电动机是利用定子旋转磁场与转子感应的电流间相互作用所产生的电磁转矩而旋转的，如图 8-29 所示。当定子绕组接通三相电源后，在定子内部空间产生一个旋转磁场。由于旋转磁场的产生，静止的转子同旋转磁场间就有了相对运动，转子导线因切割磁力线而产生感应电动势，在此电动势的作用下，转子导体内就有电流通过，此电流又与旋转磁场相互作用而产生电磁力，这些电磁力对转轴形成电磁转矩，其作用方向同旋转磁场的旋转方向一致。因此，转子就顺着旋转磁场的旋转方向而转动起来。如使旋转磁场反转，则转子的旋转方向也随之而改变。

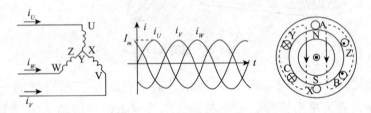

图 8-29　三相异步电动机接线图

不难看出，转子的转速 n_1 永远小于旋转磁场的转速（即同步转速）n_0。这是因为，如果转子的转速达到同步转速，则它与旋转磁场之间就不存在相对运动，转子导体将不再切割磁力线，因而其感应电动势、电流和电磁转矩均为零。由此可见，转子总是紧跟着旋转磁场以 $n_1 < n_0$ 的转速而旋转。正因为如此，把这种交流电动机称为异步电动机。又因为这种电动机的转子电流是由电磁感应而产生的，所以又把它称为感应电动机。

2. 转差率

异步电动机的同步转速 n_0 与转子转速 n_1 的转速差（即相对转速）与同步转速之比，称为异步电动机的转差率，用 s 表示，即 $s = (n_0 - n_1) / n_0$

转差率是分析异步电动机运行特性的一个重要参数，如在启动瞬间，旋转磁场在旋转，而转子尚未转动，此时 $n_1 = 0$，$s = 1$；如在空载运行时，转子转速 n_1 趋近于 n_0 则 s 趋近于零。

由此可见，作电动机运行时，转差率的变化范围为 0～1。三相异步电动机在额定负载时，其转差率很小，为 0.02～0.06。

三相异步电动机有以下的机械特性：

①异步电动机具有硬的机械特性，即随着负载的变化而转速变化很少。

②异步电动机具有较大的过载能力。

③异步电动机的电磁转矩与加在定子绕组上的电源电压的平方成正比。

（三）三相异步电动机的启动

当接通三相电源，电动机将开始启动，此时 $s=1$，旋转磁场以最大的相对转速切割转子导线，转于的感应电动势最大，转子电流也最大。因而定于绕组中便跟着出现了很大的启动电流 I_{st}，其值为额定电流 I_N 的 $4\sim7$ 倍。

电动机的启动过程是非常短暂的，一般小型电动机的启动时间在几秒以内，大型电动机的启动时间为十几秒到几十秒不等。如果不是很频繁地启动，则不会使电动机过热而损坏。但过大的启动电流却会使电源内部及供电线路上的电压降增大，以致使电力网的电压下降。因而影响接在同一线路上的其他负载的正工作。

由此可见，电动机在启动时既要把启动电流限制在一定数值内，同时又要有足够大的启动转矩，以克服负载力矩并缩短启动过程。异步电动机的一般有以下几种启动方法：

1. 直接启动

直接启动就是通过开关或接触器，将额定电压直接加在电动机的定子绕组上使其启动，如图 8-30 所示。电动机采用这种方法启动，所需设备简单，启动时间短，启动转矩较大，启动可靠，但其缺点是启动电流较大。

2. 降压启动

降压启动是在启动时利用启动设备，使加在电动机定子绕组上的电压降低。此时磁通随着成正比地减小，其转子电动势、转子电流和定子电路的启动电流也都随之而减小，同时启动转矩也大大降低。因此这种方法仅适用于空载或轻载情况下的启动。

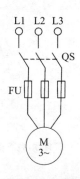

图 8-30　鼠笼式电动机直接启动

（1）Y-△换接启动　如果电动机正常运转时作三角形连接，则启动时先把它改接成星形，使加在每相绕组上的电压减低，待电动机的转速升高后，再通过开关把它改接成三角形，使它在额定电压下运行。

Y-△换接启动的电路图如图 8-31 所示，Y-△启动的优点是启动设备体积小、成本低、启动过程中基本上没有能量损失。只要电动机正常工作时应作三角形接法，应尽量采用Y-△换接启动。

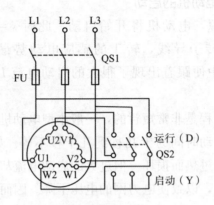

图 8-31　鼠笼式电动机用Y-△启动

(2) **自耦变压器降压启动**　如图 8-32 所示，把开关 QS 放在启动位置，使电动机的定于绕组接到自耦变压器的副边。此时加在定于绕组上的电压小于电网电压，从而减小了启动电流，等到电动机的转速升高，电流减小后，再把开关 QS 从启动位置迅速扳到运行位置。

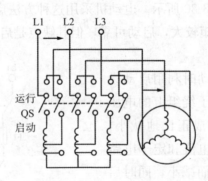

图 8-32　鼠笼式电动机用自耦变压器启动的电路图

(3) **线绕式电动机的启动**　线绕式电动机的启动是在转子电路中接入电阻来实现的，如图 8-33 所示。在线绕式电动机转子电路中接入变阻器来启动。

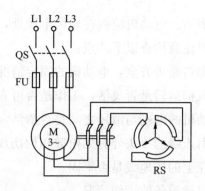

图8-33　线绕式电动机启动的电路图

由于线绕式电动机的启动性能好，且能在重载下启动，故在启动次数频繁，需要启动转矩大的生产机械上常采用线绕式电动机。

启动电流过大会产生严重后果：

①使线路电压降过增大，引起渔船上电网电压波动，不但使电动机本身的启动转矩减小（甚至不能启动），而且还会影响到其他电气设备的正常运转。

②使电动机绕组发热（启动时间越长，发热越严重），容易造成绝缘老化，缩短电动机使用寿命。

（四）三相异步电动机的调速、反转和制动

1. 三相异步电动机的调速

异步电动机的转速可通过改变定子绕组的电流频率 f_1、定子绕组的磁极对数 p 或转差率 s 等方法来调节。

2. 三相异步电动机的反转

只要把接到电动机上的三根电源线中的任意两根对调一下，旋转磁场就反向旋转，电动机便反转。

3. 三相异步电动机的制动

异步电动机的制动同直流电动机一样，可分为能耗制动、再生制动和反接制动三种。

（五）异步电动机的维护和常见故障处理方法

1. 异步电动机的维护

做好电动机的维护工作，对保证电动机的正常运行具有重要意义。平时

应注意使电动机保持清洁。电动机应放在通风干燥处，不要使它受潮。

电动机在运行前要注意检查以下几点：

①电动机的紧固螺钉是否齐全，电动机的固定情况是否良好。

②电动机的传动机构运转是否灵活，工作是否可靠。

③线绕式异步电动机的电刷与滑环之间是否清洁，有无灼伤痕迹。

④电动机和电源引入线的接头处有无松散和灼伤现象。

⑤电动机金属外壳上的按地线是否牢固。

⑥注意保险丝和启动设备的工作情况。

⑦长期搁置未用或有可能受潮的电动机，在使用前应测量它的绕组对机壳以及绕组相互间的绝缘电阻。

⑧电动机在运行中，应注意它的各部分温度是否超过允许值，有无不正常的振动和噪声，有无绝缘漆被烧焦的气味。如发现有故障，应停止运行，及时检查修理。

2. 三相异步电动机的常见故障处理方法

电动机的故障，有机械的和电气的两个方面。鼠笼式三相异步电动机是所有电动机中工作最可靠、最耐用的电动机。它的转子电路发生故障的机会较少，定子电路发生故障的机会较多，但不外乎是断路或短路两种情况。三相异步电动机的常见故障原因和检查处理方法见表8-3。

表8-3　三相异步电动机的常见故障处理方法

序号	故障	可能的原因	检查和处理方法
1	启动不了	①电源线路断开	①检查电源是否通电，熔丝是否断开，电源开关接触是否良好，电动机接线板上的接线头是否松脱
		②定子绕组有断路	②在断电的情况下，用万用表检查定子绕组是否有断路
		③线绕式转子及其外部电路断路	③用万用表检查转子及其外部电路，并检查各连接点的接触是否紧密，尤其是电刷部位
2	一通电源，尚未启动，熔丝即烧断	①定子电路中有一相对地短路	①接通开关熔丝即烧断，大多是绕组接地或短路故障，可用兆欧表检查
		②熔丝过小	②改用较大额定电流的熔丝
		③错把Y连接的电动机错接成△	③改正接法
		④线绕式电动机的启动变阻器的手柄放在运行位置	④把启动变阻器的手柄旋转至启动位置

（续）

序号	故障	可能的原因	检查和处理方法
3	空载正常，负载转速即降低或停转	①错把△接法的电动机错接成 Y ②电动机电压过低 ③转子铜条有断裂处 ④负载太大	①改正接法 ②恢复电动机的电压到额定值 ③取出转子修理 ④适当减轻负载
4	运行时有较大的嗡嗡声，且电流超过额定值较多	①定子绕组有一相断路 ②定子绕组有短路或碰壳处 ③定子绕组引出线首尾端接错	①检查电动机的熔丝，是否有一相断开，绕组有否断路 ②断开电源用兆欧表检查 ③按正确接法连接
5	有不正常的振动和响声	①电动机的地基不平 ②电动机的联轴器松动 ③轴承磨损松动造成定转子相擦	①改善电动机的安装情况 ②停车检查，拧紧螺栓 ③更换轴承
6	电动机的温度过高	①电动机过载 ②电动机通风不好 ③电源电压过高或过低	①适当减小负载 ②电动机的风扇是否脱落，通风孔道有否堵塞，电动机附近是否堆放有杂物，影响散热 ③稳定电源电压
7	轴承温度过高	①皮带过紧或联轴器未安装好 ②滚动轴承的轴承室中严重缺少润滑油 ③油质太差	①调整皮带松紧，改善联轴器装置 ②拆下轴承盖，加黄油 ③调换好的润滑油脂

二、单相异步电动机

一般单相异步电动机的定子绕组是单相的，转子是鼠笼式的。

当定子绕组通入单相交变电流时，在定子内便产生一个随时间按正弦规律变化的脉动磁场。

为了使单相异步电动机能够自行启动，需要把脉动磁场转换成旋转磁场，通常采取电容移相法、罩极法两种方法。

单相异步电动机的效率较低，过载能力较差，因此其容量较小。在

220V交流电制的渔船上，大多用它来拖动通风机、小型水泵和空调机等。

第四节　同步发电机

所谓同步电机，是因电机转子转速与同步转速相同而得名。目前使用的交流发电机，均采用三相交流同步发电机。

一、同步发电机的结构

同步发电机按构造分类，可分为旋转磁极式和旋转电枢式两种。大多数的同步发电机，特别是大功率的同步发电机都采用旋转磁极式的结构。这种发电机，把励磁绕组装在转子上，即由转子部分产生主磁场，而电枢绕组嵌放在定子铁芯上，由原动机来拖动它旋转。由于转子磁极的主磁场通常是由外加直流电通过绕制在转子铁芯上的线圈产生，因此同步发电机中还需有将外加直流电引到转子励磁线圈中去的电刷和滑环。

（一）转子部分

发电机转子可分为隐极式转子和凸极式转子两大类。图8-34所示的是隐极式转子同步发电机截面图。转子上沿转轴平行方向开槽，励磁绕组嵌放在槽中，这样未开槽部分实际上就形成了磁极。为了降低转子表面的线速度，隐极式转子通常制成一个细长的圆柱体。励磁绕组由漆包扁铜线绕制而成，绕组通过转子上的两个相互绝缘的滑环和定子上的电刷与外部直流励磁电源接通。

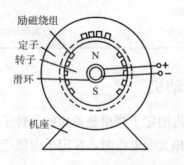

图8-34　隐极式同步发电机结构图

图8-35所示的是凸极式同步发电机截面图。凸极式转子的磁极上放置励磁绕组。绕组的连接是根据磁极交替的顺序串联连接，两个终端线头焊接

在同轴的两个滑环上，通过电刷与外部直流励磁电源接通。凸极式同步发电机转速较低，通常在 500～1 500 r/min。渔船用柴油发电，转速较低，普遍采用凸极式同步发电机。

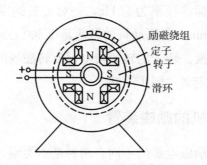

图 8-35　凸极式同步发电机结构图

（二）定子部分

定子部分主要由机座、定子铁芯、电枢绕组、电刷装置等部分组成。其中机座、铁芯及绕组部分与异步电动机定子结构形式完全相同，而电刷装置则与直流电机相同。三相绕组又称电枢绕组，基本上都采用 Y 连接，三相绕组是同步发电机的交流电路部分。

同步发电机的励磁电流是由直流电源供给的，通常是用一台与同步发电机同轴安装的直流发电机作为励磁机，在船舶上同步发电机的励磁大都采用自励的方式。

二、同步发电机的工作原理

当同步发电机直流励磁电流通过电刷、滑环进入转子励磁绕组后，转子便产生一个幅值不变的恒定磁场。磁通经转子铁芯，转子与定子之间的气隙、定子铁芯而构成闭合回路。在原动机的拖动下，发电机转子转动后，在气隙中便形成了一个幅值不变的主极旋转磁场。

这个旋转磁场依次切割三相定子绕组，在定子绕组中感应出交变电动势。由于定子的电枢绕组三相对称、转子转速恒定，所以感应电动势也是对称的三相电动势。

当发电机以恒速旋转和发电机空载运行时，电动势的大小与转子磁通的大小成正比。所以调节转子励磁电流的大小可以调整感应电动势的数值，从而调节发电机的端电压。

感应电动势的频率是由转子的旋转速度和转子的磁极对数决定的。该频率即为电网电压频率。可见为了保持电网电压频率恒定，同步发电机必须以同步速运转。

我国电力工业的标准频率为 50Hz，一对磁极的发电机所用原动机的转速就应该是 3 000 r/min，若原动机的转速是 1 500 r/min 时，则发电机应该有两对磁极，如此类推。转子的转速与电枢旋转磁场的转速相等，同步发电机就是由这一特点而定名"同步"的。

三、同步发电机的励磁装置

按同步发电机的励磁电源的不同有两种基本类型，即自励式和他励式。

同步发电机的励磁功率不是由专门的直流励磁机供给而是由同步发电机本身的输出功率中取其一小部分，经过变换来供给励磁种方式称为"自励"。目前我国渔船上交流发电机都采用"自励"的方式。

如按负载电流的大小进行励磁调整的，称为电流复励自励恒压同步发电机。若按负载电流的大小及性质共同进行发电机励磁调整的，称为相复励恒压同步发电机。自动励磁装置的作用：

（1）船舶电力系统正常运行时　能维持电网电压在额定值允许的范围内。

（2）发电机并联运行时　使发电机的无功功率合理分配。

（3）发生短路故障时　提高并联运行的稳定性和保证保护电器动作的可靠性。

四、同步发电机常见故障原因

表8-4　同步发电机的常见故障及处理方法

序号	故障	可能原因	处理方法
1	自励同步发电机发不了电的原因	①失去剩磁 ②励磁回路接线断开或连接松等 ③励磁线圈断路 ④励磁线圈短路 ⑤整流元件损坏 ⑥电刷与集电环接触不良	①充磁 ②、③、④检查励磁回路 ⑤更换整流元件 ⑥重新使电刷与集电环保持良好接触

（续）

序号	故障	可能原因	处理方法
2	同步发电机空载电压太低	①柴油机转速太低 ②励磁电流太小 ③励磁回路接线处接触不良 ④电刷和滑环接触不良 ⑤励磁回路调压电阻不合适	①适当调高柴油机转速 ②增加励磁电流 ③重新接好励磁回路接线 ④调整电刷和滑环，使之保持良好接触 ⑤适当调整励磁回路电压
3	同步发电机过热	①负载过重或三相电流不平衡引起过热 ②电枢绕组有局部短路或漏电 ③机内通风不畅 ④轴承环缺油	①减小负载或平衡三相负载 ②检修电枢绕组 ③确保机内散热通风通畅 ④轴承上加润滑油

第九章　渔船电器设备

第一节　常用控制电器

控制电器的种类很多，现将常用的几种电器分别介绍如下：

一、手动控制电器

1. 闸刀开关
闸刀开关外形图和构造如图 9-1 所示。

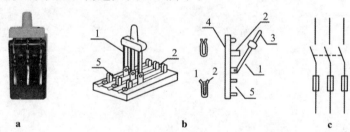

图 9-1　闸刀开关

a. 外形图　b. 结构图　c. 图形符号

1. 刀极　2. 夹座　3. 手柄　4. 绝缘底板　5. 熔丝

2. 按钮开关
单个按钮元件的外形图和结构如图 9-2 所示。按下按钮，常开触头闭合，常闭触头打开，松开按钮，触头复位。

3. 组合开关
组合开关结构如图 9-3 所示。它有三对静触片 9，每一静触片的一端固定在盒的绝缘垫板 7 上，另一端伸出盒外并附有接线螺丝 1，以便与电源和用电设备相连。三个动触片 8 装在附有手柄 3 和绝缘杆 2 的绝缘垫板上。由于装有凸轮 6 和弹簧 5 等定位机构，手柄通过转轴 4 能以任一方向每次作90°的转动，以带动三个动触片与三对静触片保持接通或断开。

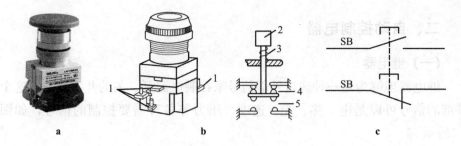

图 9-2 按钮开关

a. 外形图　b. 结构图　c. 图形符号

1. 接线柱　2. 按钮帽　3. 复位弹簧　4. 常闭触头　5. 常开触头

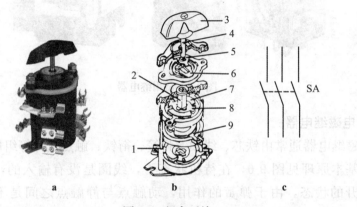

图 9-3 组合开关

a. 外形图　b. 结构图　c. 图形符号

1. 接线螺丝　2. 绝缘杆　3. 手柄　4. 转轴　5. 弹簧　6. 凸轮

7. 绝缘垫板　8. 动触片　9. 静触片

4. 其他常用小型开关

类似功能的小型开关还有拨动开关、翘板开关等，这些开关具有体积小、操作方便等特点，如图 9-4 所示。

图 9-4 拨动开关、翘板开关

二、自动控制电器

(一) 继电器

继电器理解为是一种通过外部信号来控制电路开、关的开关设备，这个外部的信号可以是电、热、光、速度、压力等各种需要控制的信号，如图9-5所示。

图9-5　常用继电器

1. 电磁继电器

电磁继电器通常由铁芯、线圈、弹簧、衔铁、触点簧片等组成。

其基本原理见图9-6，在待机状态下，线圈是没有输入的，继电器保持为常开的状态，由于弹簧的作用，动触点与静触点之间是不能形成通路的。

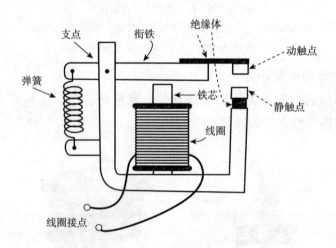

图9-6　电磁式继电器原理图

当线圈有控制信号输入时，此时线圈中将会有电流通地，线圈就会电磁感应而产生磁场，衔铁就会在电磁力的作用下克服弹簧的拉力吸铁芯，从而将本来处于常开状态的动触点、静触点闭合。

当线圈失去控制信号断电后，电磁的吸力也随之消失，衔铁就会在弹簧的作用下将动触点与静触点分开。继电器这样根据外部信号控制动触点与静触点的吸合、释放，从而达到了在电路中导通、切断的功能。

2. 热继电器

热继电器又称热过载继电器，主要用于电动机的过载与断相保护。

热继电器通常需要与接触器配合使用，以实现对电动机过载、断相的自动保护。

3. 时间继电器

时间继电器是进行时间延时的一种低压控制电器。

（二）接触器

接触器是一种能频繁接通、断开大电流电路的开关控制器。其工作原理与电磁式继电器相似，但接触器能用于更大电流的电路，具有控制容量大，能实现自动控制、远距离控制等优点。但接触器是一个受控器件，它不能主动接通或断开，通常需与熔断器、热继电器、漏电保护器、速度继电器等具有保护功能的设备配合使用。

1. 直流接触器

直流接触器是一种利用电磁吸力的作用使触头闭合或断开的开关电器，主要用于远距离接通或分断大电流直流电路（电路），并适用在频繁地操作和控制直流电动机的控制电器上。

直流接触器的主触头由于分断电流较大，故在断开时会产生很大的电弧，使触头表面烧熔成疤而影响导电。为保护触头，延长触头的使用寿命，所以在接触器中常装有灭弧装置。

2. 交流触器

交流接触器的功能是用来接通和断开电动机或其他用电设备主电路的一种低压电器。

交流接触器的工作原理是利用电磁铁的吸引力而动作的。当吸引丝圈通电后，吸引上铁心下行，带动各触点动物。吸引线圈断开后，吸引为零，在反力弹簧作用下，各触点复位。

选用接触器时，应注意它的额定电流，线圈电压及触点类型（常开、常闭）及数量。

三、保护电器

渔船电站保护电器的主要作用是对电路中出现的过压、过流及逆流三种不正常情况实现有效地保护，以防止渔船电气设备的不正常损坏，延长其使用寿命，确保用电安全。

（一）过压保护电器

渔船上的发电机一般都是由主机驱动发电，主机在运行时根据航行工况的不同经常地改变其转速，当主机转速突然升高时，发电机的输出电压将超出规定的数值，这种现象称为过电压，简称过压。严重的过压将损坏电气设备的绝缘，甚至烧毁电气设备。所以，在电路中应采取有效的保护设施。

过电压保护通常由过电压继电器来实现，过电压继电器实质上就是在额定电压下动作的普通电压继电器，它与一只可调电阻串联后，在电路中起过压保护。

（二）过载、过流及短路保护电器

过载，过流及短路保护电器通常有过电流继电器、熔断器，自动空气开关及热继电器等。其中热继电器只能用作过载保护。

1. 过电流继电器

过电流继电器也是一种电磁式继电器，它的线圈线径粗、匝数少，使用时与负载串联。

2. 熔断器

熔断器是一种结构最简单、使用最方便、价格最低廉的保护电器，见图9-7。它主要有熔体和安装熔体的熔管或熔座两部分组成。熔体是熔断器的主要部分，常做成丝状或片状，它的熔点很低，当电路中电流超过熔体额定电流时，大电流使熔体迅速发热熔化，切断电路，达到保护目的。

熔断器的种类：熔断器的种类很多，常见的有开启式熔断器、螺旋式熔断器、管式熔断器等。

熔体额定电流的选择：

（1）对电炉、照明等纯电阻性负载 熔体的额定电流应等于或稍大于负载的额定电流。

（2）对一台直流电动机负载 熔体的额定电流应等于电动机额定电流的

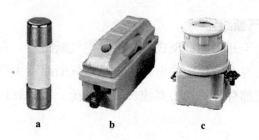

图 9-7 熔断器

a. 管式   b. 开启式   c. 螺旋式

1.5～2.5 倍。

（3）对多台直流电动机负载　熔体的额定电流应等于其中最大容量的一台电动机的额定电流的 1.5～2.5 倍，再加上其余电动机额定电流的总和。

熔体额定电流值要选择适当，选得过大，熔断器失去保护作用，选得过小，负载不能正常工作。熔体熔断后，应换用同材料同容量的熔体，不得任意加大容量。

3. 热继电器

热继电器要过载一定时间才能动作，所以只能用于过载保护，而不能用于短路保护，使用时务必注意。

（三）逆流保护

渔船上的直流发电机在对蓄电池进行充电时，若由于某种原因主机车速突然变小，这时发电机端电压就有可能低于蓄电池的电压，若不及时采取措施，电路中的电流将反向，蓄电池的电流就会向发电机倒流，这种现象称为逆流。

逆流保护常由电磁式逆流继电器和硅二极管来实现。

二极管两极加反向电压时，二极管截止，电路中没有电流通过。也就是说，二极管只允许电路中通过由其正极流向负极的电流，即单向导电性。

二极管使用时要注意正、负极不能接错，同时还要注意其额定电流、反向峰值电压等性能参数是否适用。使用大功率二极管时不要忘装散热片。

图 9-8　自动空气断路器

（四）自动空气断路器

船用发电机的主开关为框架式万能自动空气断路器，它既是一种非频繁通断的开关又是实现多种保护的电器。自动空气断路器主开关通常是框架式结构，其主要组成部分有：触头系统、灭弧系统、自由脱扣机构、保护系统操作传动装置。

第二节　典型控制电路

渔船配电装置，也叫配电板或配电盘，它是对电能进行集中控制和分配的一种装置。

配电板按控制范围的不同，可分为主配电板、分配电板（也称为分配电箱或分电箱，如驾驶室分电箱、机舱分电箱等）、低压充放电配电板；按控制电制种类的不同，可分为直流配电板、交流配电板。

渔船电能通常由主配电板通过电力网分配到各分配电板，再由分配电板分配到各用电设备。常用的一些控制设备、保护设备和测量监视仪表一般集中安装在主配电板上。

图 9-9 所示为小型直流电制的渔船常用的配电板接线原理图。线路比较简单，该线路采用二极管作为断流继电器，用可调变阻器人工调整控制发电机的电压和电流。配电板控制基本原理如下：

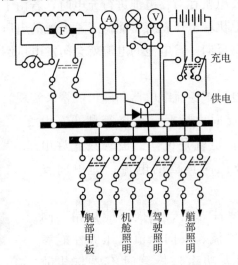

图 9-9　渔船直流配电板原理图

当发电机运转后，合上发电机闸刀，指示灯亮，电压表（V）指示发电机的电压，说明发电机已向汇流排供电。调整磁场变阻器电阻使电压升高到额定值，电压稳定后，可合上蓄电池充电闸刀，向蓄电池组充电或向照明线路送电。这时电流表（A）指示出发电机的电流值。当电压过高或过低、电流过大或过小时，可以通过磁场变电阻器来调节（在安装有自动稳压器的船上，则不需人工调整）。当发电机电压低于蓄电池电压时，逆流保护装置（二极管）起作用，二极管的单向导电性使蓄电池不能向发电机倒流。该型配电板用二极管代替断流器，简化了配电板线路，消除了因断流器失调发电机产生逆流现象，增加了配电板的可靠性。

停机时，应拉开电机闸刀，合上蓄电池供电闸刀，由蓄电池组供电照明。渔船在上网、靠、离码头时，主机停、快、慢、倒、顺变化频繁，可拉下发电机闸刀，合上蓄电池闸刀，由蓄电池供电保证船只的照明。

第三节　渔船电力系统

一、渔船电力系统的组成

渔船电力系统是由电源、配电装置、电力网及用电负载组成。

1. 电源

它是将其他形式的能量转换成电能的装置，渔船常用的电源设备是交流或直流发电机和蓄电池组。

2. 配电装置

它的作用是对电源进行保护、监视分配、转换和控制。根据要求可分为总配电盘、分配电盘（动力、照明分配电盘）、应急配电盘、蓄电池充放电盘等。

3. 电力网

它是全船电缆电线的总称，它的作用是将电能输送到全船所有的用电设备。

4. 负载

即各类用电设备，它是将电能转换成所需能量的电气设备。

二、渔船电力系统的基本参数

渔船电力系统参数与陆上一致，便于接用岸电和采用陆用派生电器设备系列。

1. 电流种类

电流种类，即电制，渔船电力系统通常有交流、直流两种电制。由于交流电制具有显著的优越性，现在大型渔船大都采用交流电制。小型渔船大多采用直流电制。

2. 额定电压等级

采用交流电制的渔船，常用 400V 电源（负载为 380V）和 230V 电源（负载为 220V）。采用直流电制的小型渔船，电压一般为 24V 或 12V。

3. 额定频率

交流配电系统的标准频率沿用陆上的标准等级，我国为 50Hz。

三、渔船电源

渔船电源设备是渔船电站的核心，主要包括主电源和应急电源两部分。

1. 主电源

直流渔船电力系统用直流发电机组，交流渔船大多用三相同步发电机，也有的用单相同步发电机。渔船上发电机组的原动机用得最多的是柴油机。主机轴带发电机等作为航行期间的电源。

2. 应急电源

主发电机组是渔船的主电源，主发电机不能供电时由应急发电机组或蓄电池组向渔船重要航行设备和应急照明系统等用以保证渔船安全的用电设备供电。

四、渔船电网的组成、制式及分类

1. 渔船电网的组成

由渔船电缆、导线和配电装置并以一定的连接方式组成的整体，称为渔船电网。

2. 电网的制式

渔船电网有交直流电网之分。直流电网采用双线绝缘系统、负极接地的双线系统和采用船体作回路的单线系统。

渔船交流电网又分交流单相和交流三相电网。

五、电站运行的安全保护环节

1. 渔船电站安全保护的任务

渔船电力系统在运行中，可能会发生各种故障和不正常的运行状态。安全保护的任务就是要能及时切除故障电路、及时通报不正常运行状态，以避免事故的扩大，确保渔船、电力系统和机器设备的安全运行。

2. 对安全保护装置的要求

为了使保护得以迅速、准确而可靠地实施，对保护装置提出如下基本要求：可靠性、选择性、快速性和灵敏性。

3. 渔船电网单相接地监视和绝缘检测

对于中性点绝缘的三相三线制渔船电网，用绝缘指示灯（俗称地气灯）监视单相接地；用专用配电盘式兆欧表检测电网绝缘电阻。

（1）**单相接地监视** 三相绝缘系统如果发生单相接地，虽然不影响三相电压的对称也不影响用电设备的正常工作，但存在两种危险性隐患：一是增加了人体触电的危险性；二是存在如果另外一相再发生接地便造成线间短路的危险性。因此对单相接地必须监视，及时发现并予以消除。通常用绝缘指示灯监视，其原理如图 9-10 所示。正常情况下 L_1、L_2、L_3 三个相同的指示灯同样亮，若某相接地则该相灯熄灭，其余两相灯由于承受线电压而特别亮。

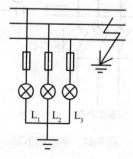

图 9-10 绝缘指灯

（2）**绝缘检测** 利用配电盘式兆欧表进行配电系统的绝缘检测。

4. 接用岸电的注意事项及相序保护

当渔船靠岸或进坞修船时，有时需要接用陆上的电源，即接用岸电。

（1）**对岸电箱的要求** 箱内应设有能切断所有绝缘极（相）的自动开关，并有岸电指示灯。设有与船体连接的接地线柱，以便与岸电的接地或接零装置连接。应设有监视岸电极性和相序的措施。

（2）接用岸电应注意事项　①岸电的基本参数（电制、额定电压、额定频率）与船电系统参数必须一致才能接用；②岸电接人的相序必须与船电的一致，否则三相电动机将反转。必须是对称三相电，即不能缺相；③三相四线制岸电的地线或零线必须用电缆引入岸电箱的船体接线柱上；④确认渔船电网已确实无电后才能将岸电与渔船电网接通。

（3）相序的监视与保护　用相序指示器检测和指示岸电的相序，用逆序继电器对岸电的相序和缺相进行保护。为确保接用的岸电相序正确，通常用相序指示器（或叫相序测定器）来检测岸电的相序。若相序正确，相序指示器的白灯（或绿灯）亮；若错误则红灯亮。当红灯亮时，应改接三相中任意两根线的接线次序。若岸电相序错误或缺相时，逆序（或称负序）继电器动作，使岸电开关合不上闸或断相时岸电跳闸。为避免渔船电网供电时接人岸电而发生非同步并联事故，所有渔船发电机的主开关与岸电开关之间有联锁保护。只要有渔船发电机供电，岸电开关自动跳闸或岸电开关合不上闸。相序指示器由一个电容器和两个指示灯（一红一白）星形连接组成，如图9-11所示。

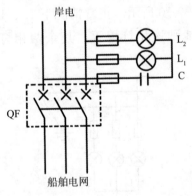

图9-11　相序指示器

六、酸性蓄电池

蓄电池是一种将电能转化为化学能积蓄起来（称充电过程），使用时将积蓄的部分化学能又转化为电能（称放电过程）的一种装置。

蓄电池有酸性和碱性两种，渔船上应用的以酸性蓄电池为主。由于铅酸蓄电池具有电压稳定、使用方便、安全可靠、经济实用等优点，渔船上一般用作应急电源，小型渔船也可作启动柴油机和照明电源使用。

酸性蓄电池由电池壳、极板、隔板和电解液等组成，如图 9-12 所示。

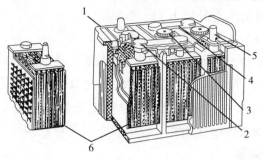

图 9-12 铅蓄电池的构造
1. 外壳 2. 电池盖 3. 注液孔盖 4. 连条 5. 极桩 6. 极板组

蓄电池是一种化学电源。它是将电能转化为化学能积蓄起来（称充电过程），使用时将积蓄的部分化学能又转化为电能（称放电过程）的一种装置。由于蓄电池具有铅蓄电池具有电压稳定、使用方便、安全可靠、经济实用等优点，渔船上一般用作应急电源，小型渔船也可作启动柴油机和照明电源使用。蓄电池有酸性和碱性两种，渔船上应用的以酸性蓄电池为主。

1. 蓄电池的充放电

蓄电池放电时，电流从正极板流出，经过负载，从负极板流入，电解液中的硫酸与两极板上的活性物质发生化学反应，使正极板上的二氧化铅及负极板上的纯铅逐渐变成硫酸铅，电解液中的硫酸成分减少，相对密度降低。这个过程是蓄电池化学能转变为电能的过程。蓄电池放电完毕通常从以下三个方面以判断：

①单格电池电压下降到 1.25V 左右。

②电解液的相对密度下降到 1.17 左右。

③适当的照明负载出现灯泡"发红"现象。

要使蓄电池能继续供电，必须用直流发电机对蓄电池进行充电。蓄电池充电时，直流发电机或充电器是充电的电源，而蓄电池是负载，充电电流自发电机正极流出，经蓄电池正极、电解液、蓄电池负极流回到发电机负极。由于充电电流的作用，使正、负极板上的硫酸铅放出硫酸分别还原成二氧化铅和海绵状的纯铅，电解液中硫酸成分增加，电解液相对密度上升，这是蓄电池吸收电能转变为化学能的过程。蓄电池充电是否充足通常从以下三个方面予以判断：

①单格电压达到 2.7V 左右。

②电解液相对密度上升到 1.28～1.30。

③正、负极板附近有急剧的冒气泡现象。

应当指出，不管蓄电池处于充足状态还是放电完毕的状态，其单格电压始终保持在 2V 左右，前面提到的蓄电池的单格电压，是在充、放电过程中的临时变化，当不充、放电时，单电池电压很快就稳定在 2V 左右。所以，在用电压表判断蓄电池的充、放电状态时要特别谨慎。

2. 蓄电池的容量

蓄电池的容量指蓄电池能够输出电能的能力，用 Q 表示，它的单位是安培·小时（A·h）。蓄电池容量的大小是在规定的条件下测定的，即电解液的温度在 20℃时以稳定的电流连续放电 10h，使电压下降到单格蓄电池 1.7V 时，放电电流和放电时间的乘积来衡量。上述情况称 10 小时放电率。蓄电池的容量并非恒定不变，它与蓄电池的放电电流、电解液的相对密度、电解液的温度及具体使用情况有关。为了能有效地和长期地使用，除按有关规定执行外，还需要维护和保养好蓄电池。

3. 蓄电池的使用

蓄电池可采用两种方式，即充放电方式和浮充电方式。蓄电池大部分时间处于放电状态或备用状态，故需要定期充电以补充能量。

（1）**充放电方式（3 种）**

①恒流充电：整个充电过程中，充电电流始终保持不变。

②恒压充电：整个充电过程中，充电电压始终保持不变。

③分段恒流充电：充电初期充电电流较大，当极板上有气泡冒出，单个电池电压约升至 2.4V 时，改用小电流充电。酸性蓄电池在渔船上多采用分段恒流充电法。

（2）**浮充电方式** 即边充边用，电源一方面为负载供电，另一方面为蓄电池充电，以补消耗的电能。

4. 蓄电池的常见故障

（1）**极板腐蚀** 由电解液不纯、温度过高或浓度过大等原因而造成，使电池的容量降低。

（2）**极板弯曲和龟裂** 由极板活性物质涂料不均匀，大电流放电或高温放电所引起。发生这种现象时，取出极板慢慢压平。若弯曲严重无法压平时，应该更新极板，更新时最好整组极板同时更换。

（3）**极板短路**　造成极板短路原因很多，例如，由于隔板损坏使弯曲的极板相碰；极板活性物质脱落、沉淀，造成沉积物与极板下端接触；电池充电时，脱落物随气泡漂在上面使正负极板相连；由于电解液温度过高或浓度过大，引起隔板的腐蚀；电解液中夹有金属杂质。当极板发生短路时，应按具体情况予以解决，或更换电解液，或更换隔板、极板，如果情况严重时，可更换整个蓄电池。

（4）**极板硫化**　由于使用不当，使蓄电池正负极的多孔性活性硫酸铝逐渐结成不易还原为活性物质的白色块状硫酸铝的现象。造成极板硫化的原因很多，例如，电池内部短路、长期充电不足或处于半放电状态、电解液面过低使极板长期外露、电解液相对密度过高、温度过高及过量放电后未能及时充电。极板硫化后出现充电困难、电解液相对密度下降、充电时电解液温升快、冒气泡过早、电池容量降低和极板的状态不正常等现象。发生这种现象时，如硫化程度轻微，则采用适当充电法使其恢复；较严重时，采用小电流长时间充电使其恢复。

5. 蓄电池的维护保养

蓄电池的日常维护和保养：

①蓄电池壳面应保护清洁、干燥，注液盖必须旋紧，透气孔应畅通。

②蓄电池放电后必须及时进行充电，充电电流选择：冬季以 1/10 容量的电流充电；夏季以 1/15～1/20 容量的电流充电。充电过程中电解液温度不能超过 45℃。

③蓄电池应安装牢固、通风良好、防止高温、严禁烟火及堆放金属物。

④用金属工具接线，必须注意不要使两极相碰以免短路发生爆炸危险。

⑤极桩和接线夹头应紧密接触。

⑥如无充电设备，不得使用蓄电池。在使用中的蓄电池，为防止极板硫化，需定期进行充电，不经常使用的蓄电池每月进行一、二次维护性充放电。

⑦电解液液面应高出极板 10～20mm，液面低落时，应加蒸馏水，严禁加注电解液。

⑧蓄电池在寒冷地区使用时，要经常使蓄电池保护充足状态。

第四节　渔船安全用电

一、触电伤害的种类

触电是指人体触及带电的物体，受到较高电压和较大电流的伤害按照伤害程度的不同，触电可分为电伤和电击两类。

1. 电伤

电路放电时电弧或飞溅物使人体外部发生烧伤、烫伤的现象。

2. 电击

人体触到带电物体时，有电流通过人体内部器官而造成的伤害。

触电时，由于人体接触带电物体的方式不同，而使电流流经人体的路径不同，其伤害程度也不一样。

二、影响触电伤害程度的因素

人体触电后受伤害的程度与下列因素有关：

1. 与流经人体电流的大小有关

流经人体电流的大小是影响伤害程度的主要因素。当流经人体的电流达到 0.5mA 时，人就有所感觉；当电流达到 2.3mA 时，人就感觉疼痛；当电流达到 50mA 时就有生命危险。一般情况下，流经人体的电流交流在 15～20mA 以下，直流 50mA 以下，人的头脑清醒，有能力自己摆脱带电体，不致受到伤害，是安全的。

2. 与电源的频率和电流的种类有关

25～300Hz 的交流电对人体的伤害程度最大，交流比直流危害大。

3. 与电压的高低、持续时间的长短有关

一般情况下电压在 36V 以下，由于人体电阻的作用，通过人体的电流在 50mA 以下，不至于造成伤害。因此我国规定 36V 以下为安全电压。对在潮湿度很大的空气中，应将安全电压定在 12V 绝对安全电压，但在水中 12V 也是不安全的。

4. 与电流流经人体的路径、人体电阻大小和健康状况有关

电流从一只手到另一只手或从手到脚流经心脏最危险。健康的人受伤害小。

三、触电的原因及预防

1. 引起触电的原因很多，但主要有三点

①思想麻痹，不遵守安全规则，直接触及或过分靠近电气设备的带电部分。

②电气设备年久失修，绝缘破坏，没有可靠接地，人体触到这种电气设备的金属外壳引起触电。

③因意外的原因使电线下落与人体接触引起触电。

2. 预防措施

①克服麻痹大意思想，任何操作严格遵守安全规则。

②及时维修、保养好电气设备，保持电气设备绝缘良好，接地可靠。

3. 安全规则要点

①工作前应把衣服扣好，必要时扎紧裤脚，不要把手表、钥匙等金属物品带在身上，工作时应穿胶底安全鞋或干布鞋。不要穿短衣裤和拖鞋进行工作。

②使用的工具要完备良好，绝缘工具的绝缘套不得有损坏。

③电气器具的电线、插头必须完好，36V以上的电气器具要用带接地线的插头。

④电器开关，无关人员不得乱动，禁止用湿手和在潮湿的地方使用电器或开启开关。

⑤修理线路或线路上的电器时，应切断电源，取下熔断器并挂上警告牌。修理完毕，在确认无人后方可通电。

⑥尽量避免带电作业，确需带电作业需经批准，并采取可靠的安全措施。作业时需有专人监护，尽可能用一只手接触带电部分和进行操作。

⑦高空作业要系安全带，并注意所用工具、器件勿失手下落，以防伤人和损坏设备。

⑧携带式工作灯要用36V以下的电源。

4. 安全用具

进行电器维修和操作时，为了保证安全、防止发生触电事故，必须使用各种安全工具。

常用的安全工具有：各种绝缘手套、装有绝缘柄的电工工具、试电笔、橡皮垫等。这些工具都要保证清洁、完好，耐压等级符合要求。

读一读

人体电阻

　　人体的电阻主要由皮肤的电阻和内部组织的电阻组成。由于人体皮肤角质外层具有一定的绝缘性，因此人体电阻的大小主要取决于皮肤角质外层。

　　不同的人其人体电阻是不一样的，就是同一个人，在不同的条件下人体电阻也会差异很大。一般情况下，人体电阻在 $2k\Omega \sim 2M\Omega$，其中，人体内部组织的电阻约为 500Ω。皮肤干燥时，当人体接触 $100 \sim 300V$ 的电压时，其电阻在 $100 \sim 1\,500\Omega$，对大多数人来说，此时就有生命危险。对于人体电阻较小的人来说，几十伏电压就有可能造成生命危险。

第三篇
轮机管理

第十章 轮机基础知识

第一节 机械识图

一、机械图的分类

机器的制造或安装必须依据专门的图纸来进行。这些由图形、文字、数字以及符号组成的,用来表达机器的设计意图和制造要求的图纸就是机械图。机械图主要有零件图和装配图。

1. 零件图

零件图主要用来表达零件的大小、形状以及在生产中如何制造、检验。零件图也称零件工作图。

2. 装配图

装配图则表达了机械各零件与部件间的装配关系和工作原理,与零件图一起,构成生产中不可或缺的机械图样。

二、三视图

从物体的上面、左面、正面三个不同位置进行投影,得出的图形即为该物体的三视图。三视图又为主视图、俯视图、左视图的总称。

1. 主视图

由物体的正面向后面投影所得的图形,即主视图。

2. 俯视图

由物体的上面向下面投影所得的图形,即俯视图。

3. 左视图

由物体的左面向右面投影所得的图形,即左视图。

三、尺寸标注

除了准确画出机械的形状外,还必须对它进行尺寸标注,以便生产安装。

1. 基本规则

①机件的真实大小应以图样上所注尺寸数字为依据，与图形的大小及绘图的准确度无关。

②图中尺寸以毫米为单位时，不需标注计量单位的代号和名称。当采用其他单位时，必须注明计量单位的代号或名称。

③图样中所标注的尺寸应为最终完工尺寸，且不得重复标注。

2. 标注要素

（1）尺寸界线　由图形的轮廓线、对称中心线引出，用细实线绘制。

（2）尺寸线　用细实线画，两端箭头指到尺寸界线上，不能用其他图线代替，也不能用轮廓线、轴线等代替。

（3）箭头　与尺寸线一起构成尺寸标注。

（4）尺寸数字　通过尺寸数字的标注，反映实物的尺寸大小，标注时一般位于尺寸的上方或中断处。

图 10-1　尺寸标注示意图

第二节　机械传动

利用机械方式来传递动力和运动叫做机械传动。在内陆渔船上，机械传动有着广泛的应用，常见的有以下三种：

一、带传动

带传动是利用张紧在带轮上的皮带或其他柔性带来传递动力的一种机械传动，是较为常见的机械传动。带传动通常由主动轮、从动轮和张紧在两轮上的环形带组成。当主动轮旋转时，环形带与带轮的接触面因为摩擦产生了摩擦力，主动轮通过摩擦力促使带运动，同时带作用于从动轮的摩擦力使从动轮旋转。带传动在渔船上应用广泛，例如：主机前端输出端皮带轮，如图 10-2 所示。

图 10-2 主机前端输出端皮带轮

带传动结构简单，维护容易，传动平稳，且具有缓冲作用，造价低廉，不需润滑等特点，从而在现代机械传动中应用十分广泛。但由于它的传动比不稳定，在对传动比有严格要求的地方不能采用带传动。

二、链传动

链传动是通过链条将具有特殊齿形的主动链轮的运动和动力传递到具有特殊齿形的从动链轮的一种传动方式，主要构成部分有链条和主、从动链轮。链轮上制有特殊齿形的齿，依靠链轮轮齿与链节的啮合来传递运动和动力，如图 10-3 所示。

图 10-3 链传动

链传动属于带有中间挠性件的啮合传动，具有平均传动比准确，传动效率高，机构紧凑，轴间距离适应范围较大等特点，能在温度较高、油污等恶劣环境条件下工作。链传动的两根平行轴间只能用于同向回转的传动，在高速运转时由于瞬时速度不均匀，传动平稳性较差，工作中有一定的冲击和噪声。

三、齿轮传动

齿轮传动是利用两齿轮的轮齿相互啮合传递动力和运动的机械传动，是机械传动中应用最为广泛的一种传动形式，可用来传递相对位置不远的两轴之间的运动和动力，如图 10-4 所示。齿轮传动具有结构紧凑、效率高、寿命长等特点。

图 10-4　齿轮传动

齿轮传动与上面两种机械传动形式相比，优点有：

①传动平稳，传动比范围大，可用于减速或增速。

②结构紧凑，适用于近距离传送。

③工作可靠，寿命长，维护良好的情况下，可用一二十年。

④效率高，一对高精度的渐开线圆柱齿轮，效率可达 99％以上。

它的缺点是制造和安装精度要求较高，因此成本较高，且不适用于较远距离的传动，否则机构将十分庞大。

第三节　常用量具与仪表

一、常用量具

1. 塞尺

塞尺又称厚薄规，由数片不同厚度的钢片组成，是用来测量间隙大小的一种简易量具。渔船上经常用来检测活塞与气缸、活塞环槽和活塞环、十字头滑板和导板、进排气阀顶端和摇臂等两个结合面之间的间隙大小。

使用前必须先清除塞尺和工件上的污垢与灰尘。测量时，应根据两个结合面的间隙大小，选用适当的塞片塞入，既不能太松也不能太紧，以稍感拖滞为宜。测量时动作要轻，不允许硬插。

图 10-5 塞 尺

2. 内卡尺和外卡尺

内卡尺和外卡尺也称内、外卡钳。外卡钳用于测量外径和平行面，内卡钳用于测量内径、凹槽等，如图 10-6 所示。

用外卡钳测量时，应使钳口与工件夹角成 90°角，随卡尺的自重滑过被测表面，并上、下重复数次，以测得精确的数值。用内卡尺测量内径或凹槽时，先将其中一只钳脚靠在孔壁上作为支点，将另一只钳脚在被测面的上下、左右摆动，测量所得最小距离，即为孔径。

图 10-6 内卡尺和外卡尺

3. 游标卡尺

游标卡尺是一种较为精密的量具，由毫米分度值的主尺和附在主尺上能滑动的游标副尺构成，可用来精确测量长度、孔深、内外径等几何量。游标卡尺分传统的读格式、带表式和先进的电子数显式三大类，如图 10-7 所示。

游标卡尺的使用方法：

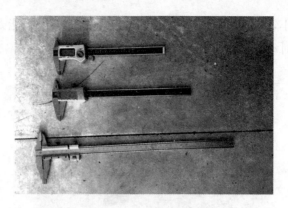

图 10-7 三种游标卡尺

（1）选用 按照零件尺寸及精度要求，选用相适应的游标卡尺。

（2）校对 测量前校对游标卡尺的零位。用干净的布条或棉团把卡尺揩干净，检查卡尺的两个测量面和测量刃口是否平直无损，推动游框，使外测量面紧密接触后，观看"0"刻度线是否对齐，尾刻度线与主尺的相应刻度线是否对齐，如都对齐，则校零准确。

（3）测量

①测量零件的外尺寸时：先把卡尺的活动量爪张开，使爪能自由的卡进工件。把零件贴靠在固定量爪上，然后用大拇指移动尺框，用轻微的压力使活动量爪接触零件。此时可拧紧微动装置上的固定螺钉，再转动调节螺母，使量爪接触零件并读数。

②测量零件的内尺寸时：要使量爪分开的距离小于所测内尺寸，进入零件内孔后，再慢慢张开并轻轻接触零件内表面，用固定螺钉固定尺框后，轻轻取出卡尺来读数。

③测量内孔深度时：应使基座端面紧靠在被测孔的端面上，将尺身与被测孔的中心线保持平行，伸入尺身至内孔最低端，用固定螺钉固定尺框后，再轻轻取出读数即可。

4. 外径千分尺

千分尺又称分厘卡或螺旋测微计，精度可达 0.01mm，它是比游标卡尺更精密的长度测量仪器。根据用途不同，可分为外径千分尺、深度千分尺、内径千分尺等，在此我们主要介绍外径千分尺，如图 10-8 所示。外径千分尺是根据螺旋传动原理，将角位移变成直线位移来进行长度测量的，当微分筒（又称可动刻度筒）旋转一周时，测微螺杆前进或后退一个螺距，即

0.5mm。500mm 微分筒量程是每 25mm 一档，有 0～25mm，25～50mm，50～75mm 等。

图 10-8　外径千分尺

外径千分尺的使用方法：

（1）选用　根据测量需求选择合适量程的外径千分尺。

（2）校对　首先测砧与测微螺杆间的接触面要清洗干净，然后将标准杆的一端与测砧接触，旋转粗旋钮，直至螺杆要接近标准杆的另一端时，旋转微旋装置，当螺杆刚好与标准杆的另一端接触时会听到喀喀声，这时停止转动。检查微分筒的端面与固定刻度的零线，两零线重合即可。

（3）测量　使用外径千分尺测量物体长度时，要先将测微螺杆退开，将待测物体放在的两个测量面之间，转动旋钮，当测杆与被测物相接后的压力达到某一数值时，棘轮将滑动并产生喀喀的响声，此时活动套管不再转动，测杆也停止前进，即可读数。

5. 量缸表

量缸表由百分表、表体、轴套、测量头、支撑架及量杆等连接装置所组成，用于检测气缸套的磨损情况，如图 10-9 所示。其使用方法如下：

（1）选用　根据所测气缸的尺寸，用合适量程的外径千分尺校验，调到被测气缸的标准尺寸后将装好的量缸表放入千分尺。再

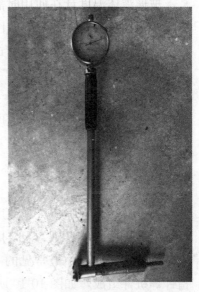

图 10-9　量缸表

选择合适的接杆，将百分表安装在接杆上，并锁紧。装上后，暂不拧紧固定螺母。

（2）校验　转动表盘，使指针对准表盘的零刻度，再轻轻压测量杆，看指针转动是否灵活，松开后看指针是否回到零位。

（3）测量　测量时选取平行于曲轴轴线方向和垂直于曲轴轴线方向这两个方位，将校对后的量缸表活动测杆沿气缸轴线方向取上、中、下三个位置，共测六个数值。上面一个位置一般定在活塞在上止点时，位于第一道活塞环气缸壁处。下面一个位置一般取在气缸套下端 O 型圈位置处。使用中注意一手拿住量缸表的隔热套处，另一只托住管子下部靠近本体的地方，手勿接触百分表，小心轻放。

二、常用仪表

1. 液体温度计

温度计是计量温度的仪器，根据用途可分为很多种。我们这里主要介绍玻璃液体温度计。玻璃液体温度计采用热胀冷缩效应的测温原理：当温度变化时，玻璃球中的液体体积会发生膨胀或收缩，使进入毛细管中的液柱高度发生变化，从刻度上可指示出温度的变化。常用的测温液体有水银和酒精。

玻璃液体温度计在使用时需注意：

①根据被测对象的温度范围选择合适的温度计。

②因为水银蒸汽对人体有毒，所以测量时应轻拿轻放，防止因损坏导致水银泄露，造成中毒和污染。

③出现断丝现象时，可用手握住温度计急速地甩动，或者在桌面上垫一块厚橡皮，用手竖直地拿着温度计，将它的测温泡轻轻撞击橡皮，使水银柱连接起来。

④为了使测温结果更准确，被测系统必须有足够大的热容量。

2. 弹簧管式压力表

为了及时、准确、直观地反映渔船管道内工作介质的压力状态，通常在系统中适当位置装设压力表，用以测量管道内输送介质的压力。弹簧管压力表是机械式压力表中最常见的一种，其主要由表盘、弹簧管、拉杆、齿轮、指针等机件组成，如图 10-10 所示。

弹簧管压力表通过表内的敏感元件—波登管的弹性变形，再通过表内机

图 10-10　弹簧管式压力表

芯的转换机构将压力形变传导至指针，引起指针转动来显示压力。弹簧管压力表比较适用于测量无爆炸、不结晶、不凝固的液体、气体或蒸汽的压力。例如渔船上的压缩空气管道，就是安装的弹簧管式压力表。

3. 离心式转速表

离心式转速表是一种利用离心原理的机械式转速表，主要由机芯、变速器和指示器三部分组成，如图 10-11 所示。离心器上的重锤利用连杆与活动套环及固定套环连接，固定套环装在离心器轴上，离心器通过变速器从输入轴获得转速。当转速表轴转动时，重锤随着旋转所产生的离心力通过连杆使活动套环向上移动并压缩弹簧。当转速一定时，活动套环向上的作用力与弹簧的反作用力相平衡，套环将停在相应位置。同时，活动套环的移动通过传动机构的扇形齿轮传递给指针，在表盘上指示出被测转速的大小。

图 10-11　离心式转速表

第十一章 船用泵

第一节 概 述

一、船用泵的功用与种类

1. 功用

泵是用来输送液体的机械。在渔船上，通过它将燃油、滑油、冷却水输送给主机，保证了动力装置的正常运转。泵又可用来输送消防水、压载水和舱底水等，保障了船舶的安全。

2. 种类

渔船上使用的泵多为容积式泵，根据运动部件运动方式的不同分为两类：往复泵和回转泵；根据运动部件结构的不同分为：齿轮泵、螺杆泵、叶片泵等。

二、泵的性能参数

泵的性能参数是指泵的工作性能的主要技术数据，包括排量、扬程、功率、效率和转速。

（1）排量 单位时间内泵能输送的液体量称为排量。一般用体积来表示，单位是 m^3/s，或 m^3/h。铭牌上所标的排量是泵在额定工况下的排量，为泵的理论排量。

（2）扬程 扬程是单位重量输送液体从泵入口至出口的能量增量，常用 H 表示。理论情况下，扬程即为泵使液体所能上升的高度。

（3）功率 泵在单位时间内所作功的大小，单位是瓦特。泵铭牌上所标的功率是指泵的输入功率。泵的输入功率又称轴功率，用 P 表示。

（4）效率 泵的有效功率与轴功率的比值，以百分比 η 表示。

（5）转速 泵轴每分钟的额定转数，常用 n 表示，单位是 r/min。

第二节　往复泵

往复泵是一种容积式泵，它通过活塞（柱塞）的往复运动，使工作容积发生周期性变化，再通过吸、排阀控制液流方向，从而实现吸排液体。渔船上主要用作输油泵和污水泵，如图 11-1 所示。

图 11-1　船用往复泵

一、往复泵的基本结构

往复泵主要由泵缸、活塞、阀、填料箱、空气室组成。

（1）泵缸　泵的工作空间，一般与阀箱铸成一体。渔船上使用的往复泵多在内部衬有青铜缸套，以防海水腐蚀和磨损。

（2）活塞　是泵工作的主要部件，材料一般为铸铁，海水泵多用青铜。根据形状的不同可分为活塞泵和柱塞泵两种。

（3）阀　有吸入阀和排出阀，它们的作用是使泵缸工作室交替的与吸排管连接或断开，以完成泵的吸排过程。常见的泵阀有锥阀、盘阀和球阀等。

（4）填料箱　由压盖、填料和内套组成，以防止泵缸中的液体漏出，保证泵的吸排能力。填料一般由石棉、麻丝和棉纱等材料制成。

（5）空气室　一个充有空气的容器，装在泵的吸入或排出口附近，用来减少吸排液体时造成的流量和压力波动。船用往复泵只装设排出空气室。

二、往复泵的管理

1. 启动

①检查泵是否完好，零件是否齐全。

②检查润滑油箱，查看润滑油的上油情况。

③检查电动机的转向。

④打开出口阀，打开入口阀。

⑤接通电源，启动泵。

2. 运行

①引入液体后查看泵体的温度变化情况，用手触摸检查各轴承及填料箱等部位有无发热现象。

②检查吸排压力表读数、滑油压力、油位、油温是否正常。

③仔细倾听水泵各运动部件及水泵内部有无异常声响。

④检查填料箱有无泄漏。

3. 停泵

①切断电源。

②关闭水泵的出、入口阀门。

③打开气缸放水阀，排除缸内存水。

④长期停用时，泵应拆开，将水擦干，做好防冻。

第三节　齿　轮　泵

齿轮泵是由两个齿轮相互啮合在一起形成的泵，依靠工作腔容积变化来输送液体，根据啮合形式可分为内啮合和外啮合。齿轮泵适合输送具有一定黏度、一定润滑性能的液体，渔船上可以作为液压泵使用。

一、齿轮泵的基本结构

齿轮泵主要由泵壳、相互啮合的主动齿轮和从动齿轮、齿轮轴、弹簧、调节螺栓等组成，如图 11-2 所示。

（1）泵壳　为前盖、泵体、后盖三片式组成结构，常用铸造性较好的铁浇铸、铝合金压铸成型。

（2）主动齿轮和从动齿轮　齿轮泵的主要运动部件，与泵壳构成齿轮泵的工作空间，通过不断啮合，使吸入室和排出室的容积发生变化，从而使泵能吸排液体。

（3）齿轮轴　将电动机的转矩传递给齿轮的连接部件。

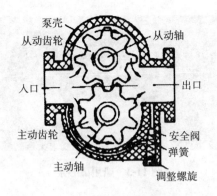

图 11-2　船用齿轮泵内部结构示意图

二、齿轮泵的管理

1. 启动

①启动前泵内必须有油，不允许干转。

②检查泵的转向。

③检查各紧固螺栓是否松动。

2. 运行

①检查泵和电机的运转情况。

②调节压力，保持泵在额定压力以下运转。

③密封装置处允许有少量渗漏，以便润滑。

④检查有否过热和异常振动现象。

3. 停泵

①关闭电机，使泵停止运转。

②关闭泵的进出口阀门。

③做好保养。

第四节　离　心　泵

离心泵是利用叶轮的高速旋转，使水发生离心运动，从而产生吸排液体的泵。小型渔船上离心泵多用作柴油机冷却水泵和消防泵，如图 11-3 所示。

一、离心泵的基本结构

离心泵主要由叶轮、泵壳、泵轴和阻漏装置等组成。

图 11-3　船用离心泵

（1）叶轮　离心泵的核心部分，通过叶轮上的叶片高速旋转，将离心力作用于水。叶轮在装配前要通过静平衡实验。

（2）泵壳　它是水泵的主体，起到支撑固定作用，并与安装轴承的托架相连接。

（3）泵轴　将电动机的转矩传给叶轮的机械部件。

（4）阻漏装置　作用主要是封闭泵壳与泵轴之间的空隙，保持水泵内的真空，不让泵内的水流到外面，同时也不让外面的空气进入到泵内。

二、离心泵的管理

1. 启动
①检查水泵设备的完好情况。
②检查水泵的旋转方向。
③检查机座及所有连接部件的紧固情况。
④检查轴封漏水情况，填料密封以少许滴水为宜。
⑤灌水并打开放气阀排气，直到泵壳上的空气旋塞有水流出时，旋紧空气旋塞。
⑥开足吸入阀，关闭排出阀，使泵在封闭状态下启动，以减少电动机负荷。
⑦启动电机，检查压力、电流并注意有无噪声。

2. 运行
①检查机组运转有无较大振动。
②检查真空表、压力表、电流表的读数是否正常。
③检查轴承温度，不宜超过 75℃。
④检查密封工作是否正常。

3. 停泵

①先关闭排出阀，以防叶轮反转，造成泵损坏。

②关闭原动机。

③关闭吸入阀及其管路上的有关阀件。

④对需长期停车或在寒冷地区使用的泵，应放尽泵内液体，以防冻坏。

第十二章　甲板机械

第一节　液压传动的基本知识

一、液压传动的原理及组成

液压传动的原理是利用液压泵将原动机的机械能转换为液体的压力能，再利用系统中各种控制阀和管路的传递，通过液压缸或油马达把液体的压力能转换为机械能，从而驱动工作机构，实现对外做功。液压传动在渔船上也有着广泛应用，如液压锚机、绞纲机等。

常见液压传动的组成部分有：油泵、油缸或油马达、控制阀、液压油和辅助元件（蓄能器、加热器等）。其中作为工作介质的液压油在选用时应充分考虑其黏度。黏度主要取决于液压系统的工作压力和温度，工作温度高时应选用黏度高的液压油；工作压力较高时应选用黏度较高的液压油，以减少泄露。

二、液压传动的优缺点

1. 液压传动的优点

①从结构上看，液压传动与其他传动相比具有体积小、重量轻的优点（同功率下液压马达重量远轻于电动机）。液压泵和液压马达之间油管连接可灵活布局，易实现远距离传动和操纵。

②能在给定范围内平稳的自动调节牵引速度，并可实现无级调速，调速范围广，可实现低速重载传动。

③液压元件系列化、标准化、通用化，易于实现系统的过载保护和保压。

④操纵简便，自动化程度高。

⑤易于实现过载保护。

2. 液压传动的缺点

①液压传动维护要求高，液压元件制造精度、使用和维护要求较高。

②液压油容易发生泄漏，受温度影响较大。

③由于液压传动的泄漏以及液压油被压缩，无法保证严格的传动比。

第二节　操舵装置

一、操舵装置的组成

能够使舵进行转动的装置称为操舵装置。操舵装置主要由远距离操纵机构、转舵机构、舵机、舵等组成，如图 12-1 所示。

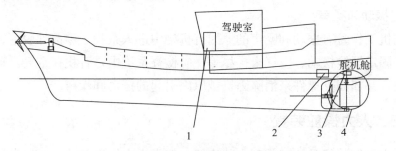

图 12-1　某渔船操舵装置示意图
1. 远距离操纵机构　2. 舵机　3. 转舵机构　4. 舵

（1）**远距离操纵机构**　操舵装置中的指挥系统，一般装在驾驶室，由发送器和舵机房的接受器组成。

（2）**舵机**　操舵装置中的动力机械。目前多为电动液压式。

（3）**转舵机构**　将舵机发出的转矩传递给舵柱的设备。

（4）**舵**　利用水流的作用控制船舶航向的设备，通常由舵杆和舵叶组成。

二、常见故障原因分析

1. 无法转动舵柄

该故障可能原因有：机构断电、无控制油压或压力太低、机械部件脱落或折断以及转动部件卡住等。应根据不同的故障原因，检查电源，检查电磁阀等辅助元件，更换受损机件，调整控制油压力来消除故障。

2. 空舵

空舵的主要原因是系统中存在空气，表现为转动舵柄时会发出"嘶嘶"

声。由于空舵，实际转舵角与操舵角不一致。应打开空气阀，排除进入系统的空气。

3. 舵叶单向偏转

舵叶单向偏转是因为操纵系统单向失灵，控制阀（如换向阀）一侧卡死等。发生故障后应仔细检查电磁换向阀，对损坏的控制阀均应修复或更换。

4. 打舵太慢

打舵太慢主要因为压力油量不足。油量不足可能有漏油、油泵排量不足、阀门没有完全打开、压力油柜中的空气量减少等。增大压力油的供给量即可解决。

5. 振动和噪声

舵机工作时有振动和噪声的原因有机构中进入杂物、零部件脱落、轴线不正、固定螺栓松动、空气未排尽等。应检查系统中是否积存空气，轴线是否对中，并加固支撑件来消除因机械原因引起的振动和噪声。

三、人力操舵装置

人力操舵装置常见于小型内陆渔船，依靠人力操纵舵轮，通过机械或液压传动来进行操舵的装置。按传动类型分主要有机械式、手动液压式两种。

1. 机械式操舵装置

该装置常见于小型内陆渔船，操纵人员通过扳动舵轮，使之产生转矩，从而牵动舵扇、舵杆和舵叶一起偏转，完成转舵。

图 12-2　内陆渔船机械式操舵装置

2. 手动液压式

手动液压式操舵原理：在舵轮上安装油泵，油泵回转产生油压动力，舵轴与油压执行器连接，油压执行器与油泵间配以管路，由油泵产生的油压动力推动油压执行器操舵。因油泵依靠人力驱动，所以其产生的动力有限，适用于小型内陆渔船。

第三节 锚 机

一、锚机的组成和要求

锚机是船上用来收放锚及锚链的机械，通常安装在船艏，也可设置于艉部。渔船在进出港或者作业时利用锚机收放锚和锚链，便可起锚、抛锚。锚机通常由固定机构（基座、支架）、原动机、锚链轮、传动机构等组成。

锚机应满足下列几点要求：

①有独立的原动力驱动，电动锚机为电动机驱动，手动锚机为人力驱动。

②锚机应具有足够的功率，在额定拉力和额定速度下，能连续工作30min，并应能在过载拉力作用下连续工作2min。此外锚机还应设有过载保护装置。

③锚机的链轮与驱动轴之间应设有离合器；刹车与离合器应操纵方便可靠；锚机运转时应能够倒转。

④工作迅速可靠，运转平稳，简单实用。

二、锚机的分类

锚机根据驱动形式可分为机械锚机、电动锚机、电动-液压锚机三种。其中电动-液压锚机是以电动机带动油泵，用高压油驱动马达带动传动齿轮，使锚机运转。液压锚机具有体积小、重量轻、价格贵等特点，多在海洋渔船上使用。内陆渔船常用机械锚机和电动锚机两种。

1. 机械锚机

机械锚机是一种依靠原动机（小型柴油机）进行驱动的起锚装置。机械锚机由原动机、皮带轮、锚绳滚筒组成。机械锚机具有结构简单、占地小等特点，常在小船上使用或作为其他船的备用锚机。

2. 电动锚机

电动锚机结构紧凑，体积小，易于布置，在渔船上有着广泛应用。工作时，电动机通过蜗轮减速器转动绞缆卷筒，再通过齿轮减速器转动链轮。抛锚时将离合器脱开，锚链在重力作用下自行。由于蜗轮减速器有自锁作用，

图 12-3 小型渔船机械锚机

抛锚速度受原动机转速限定。刹车手柄可收紧刹车带用于制动。

电动锚机有直流电动锚机和交流电动锚机两种。直流电动锚机调速特性好，效率高，需定期保养。交流电动锚机调速性能差，通常只能有级变速，结构比较复杂，重量和占用甲板的面积较大。

第十三章　轮机人员主要工作与值班制度

第一节　轮机人员主要工作

根据《中华人民共和国渔业船员管理办法》，渔船上的轮机人员包括轮机长、管轮和助理管轮。轮机人员的主要工作分为以下几部分。

一、轮机长主要工作

①轮机长是轮机部的负责人，在船长的领导下负责全船机电设备的管理，领导轮机部人员贯彻各项规章制度，保持机电设备安全可靠运行，满足渔船安全生产需求。

②轮机长须熟悉并掌握本船各类机电设备的构造、性能和特点。随时查核油料并适时申请添加，以保证船舶正常航行需要。

③督促轮机部人员正确操作各类设备，提供技术指导。

④审核油料、物资、备件的领用计划，报送船长审批。

⑤贯彻"安全生产，预防为主"的方针，制订预防检查和维修养护计划，确保机、电设备处于正常技术状态。船舶修理时，带领管轮和助理管轮认真做好各项检修工作，亲自进行重要设备的拆装、检修。

⑥亲自监督机电设备的保养、检修工作，遇到无法修理情况时，告知船长。

⑦在船舶进出港口，靠离码头和在恶劣天气或复杂水域航行时，亲自下机舱指挥操作，安排专人值班。

⑧负责保管轮机日志、机舱设备属具备品清册、各种说明书及技术文件、船图等。弃船时，轮机长应携带轮机日志和上述物品最后离开。

⑨卸任时，应向接任轮机长详细介绍本船机电设备的性能和使用情况，将机器说明书、船图、机舱设备属具备品清册、轮机日志以及其他有关文件进行移交。交接工作结束后，双方应在轮机日志上记载交接情况并签名。

二、管轮主要工作

①管轮是轮机长的助手，在轮机长的领导下做好全船机电设备的使用、维修和保养。轮机长不在或因故不能行使职务时，代替轮机长履行职责。

②参加机舱值班，在工作中发现异常情况和机电设备故障时，做紧急处理，并及时向轮机长汇报。

③协助轮机长制定机电设备修理、保养计划，协助轮机长对主机进行检查、维修、保养，并直接负责对辅机、甲板机械的维护、保养工作。

④做好油料、物资、备件的领取统计，督促助理管轮做好机舱清洁卫生和安全检查工作。

⑤管轮在调离时，必须将自己负责的工作及物品详细向新任管轮和轮机长交代清楚，办好移交手续后方可离船。

三、助理管轮主要工作

①在轮机长、管轮的领导下，认真做好主机、辅机及甲板机械设备的维护、保养工作，主动协助轮机长、管轮做好机电设备的管理，保养和维修工作。做好机舱清洁卫生工作和安全检查工作。

②努力学习轮机业务知识，提高业务技术水平，增强法制观念，自觉遵守国家的法律法规、渔业法规。

③在航行或生产作业中，坚守自己的岗位，服从轮机长、管轮的指挥，严格执行操作规程。

④协助管轮做好油料、物资和备件的领取工作，并保管好机舱工具。

⑤参加锚泊和停泊值班。

⑥离船时，须征得轮机长同意，轮机长不在时，须经管轮同意。

第二节　值班制度

一、航行值班

当渔船航行时，轮机部应安排人员值班。值班人员应做好下列工作：

1. 值班人员应按规定准时上岗，坚守岗位，严格遵守操作规程，值班时间内不得随意离开机舱，如有事需离开，必须提前向轮机长报告

2. 值班时不得做与值班无关的事情。严禁打赤膊、穿拖鞋进入机舱，更不得在机舱值班时吸烟。未经值班人员同意，无关人员一律不得进入机舱

3. 值班人员应对下列情况进行检查并记录

①主机、副机的运转工况和配电板上电压、电流的变化情况。

②机舱各类仪表的读数。

③主机油柜、日用油柜、滑油柜、舵机油柜等的油位指数。

④机舱内和鱼舱内的积水情况。

4. 机舱值班人员应随时注意车钟信号，正确而迅速地执行驾驶台命令

5. 发现下列情况应报告轮机长

①主机出水温度或油温过高，艉轴过热。

②主机转速突然下降或急速升高。

③剧烈振动或噪声。

④机油压力过高或偏低。

6. 认真做好油污水、生活垃圾排放工作，不得随意将有毒物质排放到河里

7. 将值班情况按《内河船舶轮机日志记载规定》的要求记载到轮机日志里

二、值班交接

交班人员应提前 15min 通知接班人员做好准备，接班人员应提前 5min 到达机舱。

1. 交接时，交班人员应具体做好如下工作

①在机舱完成交接班，遇有不能解决的问题，向轮机长汇报处理。

②备妥下一班的燃料、滑油，在滴油杯、柴油压油柜、油壶和油盒等应加油的部位加油。

③检查主、副机的运转情况及仪表工作是否正常，构件是否良好，各缸排温和机油压力。检查主机日用油柜、滑油柜的存储情况，检查管系阀门的开关情况，查看有无泄漏现象。

④检查发电机、船用泵等设备的运转情况。

⑤做好机舱的清洁工作，保持机舱花钢板的干净整洁。

⑥应向接班人员交清机舱各机电设备的运转情况，未完成的工作及注意事项，发生的问题及处理情况、轮机长的工作指示及驾驶员的通知等，并将

各仪表读数及主机转数、燃油消耗、发生的问题及处理情况，分别记入轮机日志。

2. 接班人员需做好以下工作

①接班人员应与交班人员一起检查主、副机运转情况，检查油温油压、水温和排气温度，查看有无漏水、漏油和漏气现象。

②检查发电机工作情况，查看各类仪表读数是否正常。

③查看轮机日志，检查记载内容是否符合实际情况，如有疑问应提出。

三、停泊值班

为了保证船舶停泊值班任务的实施，轮机部必须安排人员护航值班。值班轮机员因有急事需离船，应安排其他轮机员代班，并经轮机长同意后方可离船。停泊中轮机人员应做好下列几项工作：

①轮机长督促检查轮机部值班人员严格遵守有关安全生产的规定。机舱若需检修影响动车的设备，轮机长应事先将工作内容和所需时间报告船长，取得同意后方可进行。

②加强机舱、舵机舱的安全检查，每晚全面巡回检查一次。

③机电发生故障时，应立即到机舱值班；发生火警和意外危险时，在船长统一指挥下，组织轮机部全体人员进行抢救。

④根据船长或值班驾驶员的通知，按时做好移泊的准备工作。

⑤根据船副或值班驾驶员的通知，加油加水、排放污水。

⑥轮机长与管轮不得同时离船。

第三节　轮机作业安全注意事项

一、检修作业注意事项

（1）检修主机时　管轮须在主机操纵处悬挂"禁止动车"的警告牌并应合上转车机。检修途中如需转车，在征得机驾人员同意后，仔细检查周围是否有人或影响转车的物品和构件，同时发出信号或通知提醒周围人员注意。

（2）检修副机、辅助机械及其附属设备时　应在相应的操纵处或电源控制处悬挂"禁止使用"或"禁止合闸"的警示牌。

（3）检修发电机时　应在配电板或分配电箱的相应部位悬挂"禁止合闸"的警示牌。

（4）检修管路及阀门时　管轮应事先按需要将相关阀门处于正常状态，在这些阀门处悬挂"勿动"的警示牌，必要时用锁链或铁丝将阀扎住。

（5）检修各类泵时　应将原动机关闭，同时将泵所连管路处阀门处于关闭状态，并在这些阀门处悬挂"勿动"的警示牌。

（6）柴油机在运转中如发现喷油器故障需立即更换时　应先停车，泄放气缸内压力。禁止在运转中或气缸尚有残存压力时拆卸喷油器。试验柴油机喷油嘴时，禁止用手探摸喷油器的油嘴或油雾。

（7）拆装带热部件时　要注意穿长袖工作衣裤并戴帽及手套。

（8）检修作业时　作业人员衣袋中不得携带任何杂物。注意防止工具、螺栓、纱布等掉入设备中。督查人员应密切注意工作人员的操作情况，随时准备采取切断电源等安全措施；作业完毕后，应再认真检查。

（9）一切电气设备，除主管人员和电气人员外，任何人不得自行拆修

（10）一切警告牌均由检修负责人挂卸，其他任何人不得乱动

二、打磨作业注意事项

①砂轮机打磨时，作业者应戴防护眼镜和口罩，并和砂轮旋转方向略偏角度，以防烫伤。

②禁止使用手柄松动的锤子。

三、清洗和油漆作业注意事项

①油管及过滤器、加热器等如发生泄漏应尽快消除，并冲洗干净。

②机舱地板上的油污必须随时抹去，防止人员滑倒。用水冲洗机舱底部时，要防止水柱和水珠冲到电机设备上，引发短路。

③使用易燃或有刺激性的液体清洗机件时，一般应在尾部甲板等下风处进行，不宜在机舱进行，同时清洗液不得倒入河内。

④油漆作业时，应保持通风，不能同时多人作业，且时间不能太久，应轮流作业并相互照应。

四、焊接作业注意事项

（1）严格遵守电焊和气焊的使用操作规程　严禁对未经清洗和通风的油柜、油管进行焊接。焊接必须取得轮机长或管轮的同意。

（2）进行焊接时　必须二人作业，一人操作，一人监守。作业人员应穿

长袖衣裤，戴手套、护眼镜，必要时还应戴防护面具。电焊时必须使用面罩，不得用墨镜代替。

（3）敲打焊渣时　必须戴防护眼镜，以防碎屑飞溅伤眼。

（4）进行焊接作业前　必须先清理现场，特别要注意周围有无易燃物品。对有色金属或合金烧焊时应注意通风，作业人员应在上风位置或佩戴防护面具，以防中毒。焊接现场应配备足够灭火器或其他灭火装置。

（5）焊件未冷　作业人员不应离开现场，如必须离开，应采取防范措施，以免误触烫伤。

（6）焊接作业结束后　应现场打扫清洁，仔细检查周围有无火种隐患，将工具整理好并放归原处后方可离开。

第四节　主机发生故障时的安全措施

当主机发生突然故障时，如处理不当，会引发船舶重大安全事故，危及船员人身安全。轮机人员要根据不同情况，采取正确的操作和安全措施。

1. 主机增压器损坏

增压器损坏的原因可分为：①增压器壳体损坏，一般发生在增压器废气端，因为废气温度较高，含有对壳体腐蚀较大的硫，易造成废气端壳体腐蚀击穿。②喷嘴环损坏（变形），一般是因异物撞击造成，异物主要来自主机排气阀和活塞令碎片以及系统中螺栓和垫片，通过增压器前的隔栅撞击到喷嘴环，导致喷嘴环损坏。③增压器废气端叶片损坏、导气环工作面出现沟槽以及导气环断裂。沟槽的产生是由废气和废气中杂质长期冲刷造成的。裂纹是由于热应力太大，导气环厚度变薄产生的。④其他故障，如增压器轴承损坏、油泵损坏、转子损坏等。

2. 主机排气温度过高

注意控制柴油机负荷，尽量避免柴油机超负荷运行。定期检查清洗空气滤器、增压器压气机端，定期拆验喷油器，进行压力试验，定期检查气阀机构，及时调整气阀间隙。

3. 在柴油机运转中，遇到下列情况必须立即停车

①柴油机非正常运转且已危及操作人员人身安全时。

②燃油或滑油管系破裂，油类外泄，造成严重污染并危及柴油机正常运行时。

③曲轴箱、扫气箱爆炸时。

④确认柴油机继续运转将引发重大事故时。

4. 停车后 15min，待曲轴箱温度下降时方可小心地打开曲轴箱导门，认真进行检查

第五节　轮机备件管理

为保证渔船正常航行和安全生产，船上必须储备一定数量的轮机备件，在机电设备因在长期运转使用下产生的磨损或发生故障时可以更换。船舶储备一定数量的轮机备件，既能保证机、电、动力设备的正常运转，也能保证生产作业以及船员人身安全。船舶轮机备件种类繁多，管理繁琐，所以一般要建立《备件清册》，作为轮机备件管理的文件依据。

内陆渔船上的轮机备件管理制度如下：

①备件应适用本船机电设备，且质量合格。

②船舶应按国家规定配备最低数量和种类的备件。

③船上备件要有专人保管，并负责填写《备件清册》。《备件清册》上的记载项目至少应包括船舶备件定额、每一品种型号、实存数量等。

④备件应存放在《备件清册》上规定的位置。

⑤易受潮或锈蚀的备件，要注意放在干燥的地方保存，必要时可在表面上涂润滑油脂。长期不用的备件要定期保养，妥善保存。

⑥换下来的旧件，经修理后仍能继续使用，可作为备件。

第十四章　渔船安全运行与应急处理

第一节　大风浪中运行

一、大风浪中航行时轮机安全管理事项

渔船在大风浪中航行时，为了确保航行的安全，轮机部人员应在轮机长的带领下，听从船长或机驾长的指挥，做好如下安全事项：

①轮机长要带领轮机部人员下机舱检查主、副机的运转情况，并亲自操纵主机。

②值班轮机员不得远离机舱，密切注意主机运转情况，随时记录主机转速，一旦发现主机飞车和增压器喘振，立刻向轮机长或管轮汇报。

③根据风浪大小和船的摇摆幅度，为防止主机飞车，轮机长应适当降低主机负荷，并调整好主机限速装置。

④关闭机舱处所的门窗和通风道，固定好机舱的移动物件，如油桶、工具等。

⑤轮机部人员应及时测量冰舱、网舱的积水深度，并及时排除。

⑥加强对机电设备的巡回检查。

⑦日用油柜要及时放残。

⑧注意记录主、副机油温、油压、水温的变化。

⑨必要时，换用低位海底门，检查并清洗滤器。

⑩打开舱底水管阀门及时排除机舱舱底水。

⑪操纵主机时，应注意不要急拉油门，不能全速转舵或倒车。

⑫注意机舱防火。

二、大风浪中锚泊时轮机安全管理事项

①按航行状况保持有效的轮机值班。

②机电设备等都应处于良好的工作状态。

③定期检查各系统运转情况。

④按驾驶台命令使主、副机保持备车状态。

⑤注意防止油类泄露给水域带来的污染。

⑥所有安全设备和消防系统均应处于备用状态。

⑦注意做好大风浪中航行的各项准备工作，加强对机电设备的巡回检查，发现问题，及时处理解决。

第二节　主机发生故障时的应急处理

一、封缸运行时的应急处置

柴油机在运行中若有一个或一个以上的气缸发生故障，短时间内无法修复或在当时无备件的情况下，又要求继续工作，此时可采取停止故障气缸运转的措施，即封缸运行。

封缸运行两种情况下采取的措施：

（1）停止该缸供油　在此情况下，根据柴油机的具体情况可提起喷油泵滚轮使喷油泵不工作，从而避免造成喷油泵偶件干磨而咬死。此种封缸亦称减缸运行或停缸运行。

（2）活塞、连杆和十字头全部拆除　如果连杆、十字头或导板严重损坏、轴承损坏，则需拆除全部运动部件。此法在气缸、气缸盖、活塞或连杆等发生重大故障时采用。采用此法时应首先提起喷油泵滚轮，停止泵油，封住气缸套排气口，封闭活塞冷却系统，关闭该缸冷却水的进出口阀等。

二、拉缸时的应急处置

拉缸指活塞或活塞裙与气缸套之间直接接触，由两个相对运动表面的相互作用而发生的表面损伤、划痕甚至咬死。拉缸时的应急处置措施如下：

（1）早期发现拉缸时　增加润滑油量，加强缸套的润滑。

（2）当发现拉缸时　切断该缸的燃油供应，降低柴油机转速直至停车。

（3）继续增加活塞冷却，同时进行盘车　在做此项工作时，要防止冷却速度过快引起活塞裂纹。同时要预防缸套的急冷后收缩，卡住活塞，使拉缸更为严重。

（4）当活塞咬死的情况比较严重时　可向气缸内注入煤油，待活塞冷却后撬动飞轮或盘车。

（5）吊缸检查时　应将活塞与缸套表面上的拉缸痕迹用油石仔细磨平。损坏严重时，应予以换新。

（6）若活塞和气缸套均换新时　装复后从低负荷逐渐增大负荷进行磨合。

三、曲轴箱爆炸时的应急处置

在封闭式强力润滑的柴油机中，任何运动部件的失常都有可能导致曲轴箱爆炸，从而可能导致机毁人亡，所以应予以重视。曲轴箱爆炸时的应急处置措施如下：

（1）发现曲轴箱有爆炸的迹象时　应立即停车或降速运行。同时加强气缸润滑，并将海水泵关闭，防止温度骤降。

（2）在发现曲轴箱有爆炸危险期间　机舱人员不许在防爆门一侧停留，以免造成人员伤亡。

（3）当曲轴箱发生爆炸并将防爆门冲开后　应立即停车，同时按机舱灭火规定施救，切不可马上打开曲轴箱道门。

（4）如因某些机件发热而停车　应至少停车15min后再开道门检查，以免新鲜空气进入而引起爆炸。

第三节　渔船发生事故后的应急处置

一、船舶发生碰撞后的应急处置

水上交通事故中船舶碰撞事故发生率高，经济损失大，而且时常造成船毁人亡。当船舶发生碰撞事故时，轮机人员应根据职责分工，与驾驶部人员协作，采取以下应急处置措施，防止事故进一步扩大。

（1）发生碰撞后　轮机长立即进入应急部署，轮机人员各就各位，轮机长检查并亲自操纵主机。

（2）检查油柜是否受损，有无漏油

（3）检查主机、辅机运转情况是否正常，检查管路是否因碰撞发生泄露，各阀件启、闭是否正常

（4）轮机长、管轮应带领轮机部人员，在船长的领导下，全力准备排水工作和协助堵漏工作，随时按照船长命令排水或供电

（5）查看船底有无漏水　漏水部位一经明确，应立即关闭附近舱室通

道的水密门窗，实施碰撞破口部分的堵漏工作，并通知机舱开始排水。机舱进水情况可分两种情况排水：①进水量不大时，机舱人员应立即启动舱底污水泵，利用舱底水系统排除机舱积水。②大量进水时，可将应急吸入阀打开，直接利用机舱排量最大的主海水泵或压载水泵将机舱积水泵出舷外。

（6）轮机长负责把损坏的部位和损坏情况记入轮机日志

（7）不得已弃船时 轮机长应亲自保管好轮机日志和其他重要文件并带走。

二、船舶发生触损后的应急处置

船舶发生触损后，轮机长应组织人员对轮机部所管辖的范围进行检查，并将检查情况记入轮机日志。根据发生触损的具体情况做好下列应急措施：

（1）主机降速运行 船舶发生触损后，阻力加大，为防止主机因超负荷运行而损坏，应立即采取降速措施。

（2）换用高位海底门 值班轮机员应立即将低位海底门换为高位海底门，防止海水管吸入泥沙，低位海底门被泥沙堵塞。

（3）清洗海水滤器 发生触损后，海水总管上的滤器内可能积有大量泥沙。如不及时清洗，可能发生海水低压报警，冷却系统无法工作，使主机不能正常运行。

（4）检查轴系 触损后可能引起船体变形，造成轴系中心线的弯曲，主机运转受到影响，所以船舶搁浅后必须检查轴系的情况。

（5）检查舵系 触损后舵系有可能被碰坏，因此搁浅后必须对舵系进行检查。

三、船舶发生火灾时的应急处置

船舶一旦发生火灾，将会对生命财产带来巨大损失。火灾发生后，轮机人员应采取以下措施进行应急：

①轮机部全体人员立即进入应变部署岗位，服从轮机长统一指挥。

②值班人员应迅速发出火警信号。

③切断机舱电源，关闭油料进出阀门，关闭机舱天窗和风道挡板。

④开启消防泵，使用喷雾水枪进行灭火，对甲板正在燃烧的油类，则可

利用黄沙或泡沫覆盖。

⑤火灾扑灭后，要检查每个角落，防止零星火源复燃。

⑥救护伤员，机舱通风，清理现场，排除积水。

⑦查清火灾成因，起火、灭火准确时间、过程、火灾损失情况，并记入轮机日志。

⑧轮机长将需要维修的设备列好清单，然后报送船长审批。

第十五章　内陆渔船防污

第一节　油料管理

一、燃油管理

渔船燃油管理制度是用来对渔船的机械设备所需的燃油进行管理控制，保障机械设备的正常运行，从而保证渔船的安全航行。管理人员在燃油日常使用上要以节约成本为前提，依据以下管理制度加强对燃油的管理：

（1）船舶必须储备足够数量的油料保证作业需要　轮机长根据每次航行情况，计算出船舶所需燃油量并将需补给的油料品种、牌号、数量填写《燃油加装申请表》后报告船长。

（2）加装结束时　管轮应核对实际加油量，如发现不符，应向轮机长汇报，并及时查找原因。

（3）燃油的选用也很重要　首先，要优先试用新加装的燃油，确认燃油质量好坏；其次，不同规格燃油禁止混装。另外还要注意防止发生水污染。

（4）燃油需净化、滤清　搞好燃油的净化、滤清，不仅可以延长柴油机出油阀、喷油泵的适用寿命，提高柴油机的工作效率，还可以避免产生燃油额外损耗，增加额外成本。购进燃油时，应选择规定牌号的燃油，燃油使用前进行多级沉淀、过滤，对粗细滤清器进行定期清洗保养，加油工具应整洁干净。

（5）轮机人员应定期进行业务培训学习　由轮机长组织轮机部人员进行业务学习，提高燃油管理能力，降低燃油消耗率，加强安全教育，注重燃油加装管理的培训教育。

（6）认真做好燃油使用报告　建立燃油使用记录簿，详细记录各油柜的存油量。

二、润滑油管理

润滑油在渔船柴油机运转中起着重要的作用，它不仅可以有效润滑柴油机各运动部件，减少摩擦，而且还能冷却零部件、清洁运动部件表面，有效地防止运动部件因热负荷损坏，从而减少各种机械故障，延长机械设备使用寿命。因此，加强对润滑油的管理非常必要。

1. 主、副机系统润滑油的管理

主、副机系统润滑油又叫曲轴箱油或机油，是船舶使用润滑油最多的一部分。因此，能否管理好和利用好这部分润滑油，直接关系到运动部件的寿命。此外，主机系统润滑油还有一部分是属于正常泄漏，轮机长应带领轮机部人员，提升油品管理技术，做好这部分润滑油的回收利用工作，减少润滑油的消耗量。轮机人员平常对发动机的检修工作应认真仔细，防止异物和杂质进入曲柄箱。

曲柄箱在更换润滑油时，先加入新的润滑油，一般加至油尺的一半以上。在发动机的使用中，曲柄箱油的补充则用以前换下的净化好的旧油代替。这样新旧掺和适用，可以进一步优化油的品质，提高润滑油的利用效率。

2. 其他用润滑油的管理

渔船其他用润滑油包括齿轮油、液压油和滑油脂等。在选用时，应根据不同的用途选用不同规格的润滑油，严禁混用。比如液压油，如果黏度太高，会影响压力传递效果，而黏度太低，则难以承受较重的负荷。甲板机械的工作环境温度变化范围很大，若要保证有效工作，就要求使用较高黏度指数的液压油。

3. 润滑油在使用过程中的注意事项

（1）不同品牌、不同牌号的润滑油不能混合使用。

（2）维持润滑油正常的油位。

（3）保持正常的滑油温度。

（4）定期清洗过滤器。

第二节　内陆渔船防油污染设备

一、残油柜及排放管系

图 15-1 为某渔船残油柜及排放管系。工作时，用手摇泵把机舱舱底油污水泵至残油柜存放，到达港口后，打开水柜控制阀，将柜内油污水抽吸上岸，再进行防污染处理。

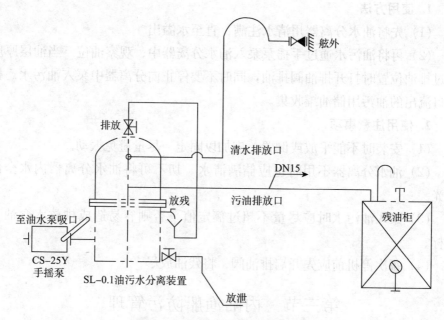

图 15-1　残油柜及排放管系原理图

二、SL-0.1 简易型油水分离器

SL-0.1 简易型油水分离器，处理量为 0.10m³/h，适用于总吨 1 000t 以下的内陆船舶。经过该设备处理的排放含油量小于 15ppm，完全符合国际海事组织 MEPC.60（33）的标准，已获得安徽省船舶检验局的型式认可证书，如图 15-2。

图 15-2　SL-0.1 简易型油水分离器

1. 使用方法

（1）先将油水分离器用清水注满，直至水溢出

（2）再将油污水通过手摇泵泵入油水分离器中，观察油位 当油层厚度超过排油位置时打开排油阀排油，同时不要停止向分离器中泵入油污水。排油口流出的油污用储油罐收集。

2. 使用注意事项

（1）安装时不能平放或倒置，应加以固定 尽量避免振动。

（2）油水分离器不用时也应储满清水 切不可将油水分离器内水全部放光。

（3）泵入油污水时应尽量不超过额定值 否则容易造成排放水含油量超标。

（4）每次停机前应先开启排油阀，将残油放尽

第三节　内陆渔船防污管理

一、内陆渔船防污染管理存在的问题

随着经济水平的提升、内陆水产养殖业和捕捞业的蓬勃发展，我国内陆渔船数量逐年递增，同时内陆渔船的发展所造成的内陆水域的污染也在不断地加剧。渔船在航行过程中产生的垃圾、废弃物品以及有害物质对水域造成了严重的污染。因此强化渔民的防污意识，促进内陆渔业的健康化、可持续发展非常必要。

我国内陆渔船防污染管理目前存在的主要问题有：

1. 相关法规有待健全

在内陆渔船防污染管理方面，我国尚未有健全的相关法制，不能够为行政管理进行法律指导，不能对内陆渔船的行为有效监督。

2. 内陆渔船防污意识有待提高

虽然内陆渔船的检验办法和管理越来越完善，但是在防止污染这方面内陆渔船的管理远比海洋渔船要薄弱，渔民对环境污染的意识也较为淡薄。渔民为了方便，常将污水直接倒入水中。

3. 防污染设备配置不够齐全

内陆渔船的防污染设备结构简单、形式单一、良莠不齐，在配置上离国家制定的标准还有一段距离，普遍缺乏生活污水处理装置。

4. 预防措施和应急机制有待加强

渔船在航行中有可能发生各种各样的危险，可能会造成水域的严重污染，目前我国在预防措施和发生危险时的应急机制方面还处在初级阶段，还不具备这方面的重大事故的处理能力，特别是有毒物质和油类泄露造成的污染。

二、内陆渔船防污染管理办法

1. 防止油类污染

①防油污设备必须为渔业主管部门认可。

②主柴油机功率不小于 22kW 时，应装设一套额定处理量不小于 0.04m³/h 的滤油设备。

③主柴油机功率小于 22kW 及挂桨机船，应装设一套额定处理量不小于 0.01m³/h 的滤油设备，或设置一容量足够的适合储存油污水的容器。

④船舶排放的处理水的含油量应不超过 15ppm。不得用稀释等任何操作方法排放未经处理的污油水。

⑤装设滤油设备的船舶，应设置污油柜或可等效替代的容器。

⑥若停靠港口设有污油水接收设备，则船舶可免设滤油设备，但必须设置足够容量的污油水舱或柜，定期排放给港口接收设备。

⑦甲板动力机械及挂桨机处应设置托油盘，防止滴油。

⑧严禁将未经处理过的污油水直接排入水中。

2. 防止垃圾污染

（1）垃圾分类　①塑料制品垃圾；②油污垃圾（含油抹布、棉纱等）；③生活垃圾。

（2）船舶应设有足够容量的垃圾收集器，并予以适当固定

（3）禁止将垃圾直接倾倒水中

3. 其他要求

航行于对环保有特殊要求的水域，其设备配备应满足相应的规定。

注：本章第三节第二部分参照《渔业船舶法定检验规则》（2002）。

第十六章 渔业法律法规

第一节 渔业船员管理

《中华人民共和国渔业船员管理办法》（以下简称《渔业船舶管理办法》）由农业部2014年5月23日颁布，2015年1月1日起施行。明确渔业船员实行持证上岗的制度。

一、渔业船员分类

渔业船员是指服务于渔业船舶，在渔业船舶上具有固定工作岗位的人员。

1. 职务船员

职务船员是负责船舶管理的人员，分为：

①驾驶人员，职级包括船长、船副、助理船副；

②轮机人员，职级包括轮机长、管轮、助理管轮；

③机驾长；

④电机员；

⑤无线电操作员。

电机员和无线电操作员适用于较大的渔业船舶。

2. 普通船员

普通船员是指职务船员以外的其他船员。

二、内陆渔业职务船员证书等级划分

渔业船员实行持证上岗制度。渔业船员应当按照本办法的规定接受培训（图16-1），经考试或考核合格、取得相应的渔业船员证书（图16-2）后，方可在渔业船舶上工作。

1. 驾驶人员证书

一级证书：适用于船舶长度24m以上设独立机舱的渔业船舶；

图 16-1　渔业船员培训

图 16-2　内陆渔业船员证书

二级证书：适用于船舶长度不足 24m 设独立机舱的渔业船舶。

2. 轮机人员证书

一级证书：适用于主机总功率 250kW 以上设独立机舱的渔业船舶；

二级证书：适用于主机总功率不足 250kW 设独立机舱的渔业船舶。

3. 机驾长证书

适用于无独立机舱的渔业船舶上，驾驶与轮机岗位合一的船员。

内陆渔业船舶职务船员职级划分由各省级人民政府渔业主管部门参照海洋渔业职务船员职级，根据本地情况自行确定，报农业部备案施行。

三、申请渔业船员证书的条件

1. 普通船员

申请渔业普通船员证书应当具备的条件：

①年满 16 周岁。

②符合渔业船员健康标准。

③经过基本安全培训。

2. 职务船员

申请渔业职务船员证书应当具备的条件：

①持有渔业普通船员证书或下一级相应职务船员证书。

②年龄不超过 60 周岁，对船舶长度不足 12m 或者主机总功率不足 50kW 渔业船舶的职务船员，年龄资格上限可由发证机关根据申请者身体健康状况适当放宽。

③符合任职岗位健康条件要求。

④具备相应的任职资历条件，且任职表现和安全记录良好。

⑤完成相应的职务船员培训。

读一读

渔业船员健康标准

1. 视力（采用国际视力表及标准检查距离）

（1）**驾驶人员**　两眼裸视力均 0.8 以上，或裸视力 0.6 以上且矫正视力 1.0 以上。

（2）**轮机人员**　两眼裸视力均 0.6 以上，或裸视力 0.4 以上且矫正视力 0.8 以上。

2. 辨色力

（1）**驾驶人员**　辨色力完全正常。

（2）**其他渔业船员**　无红绿色盲。

3. 听力

双耳均能听清 50cm 距离的秒表声音。

4. 其他

①患有精神疾病、影响肢体活动的神经系统疾病、严重损害健康的传染病和可能影响船上正常工作的慢性病的，不得申请渔业船员证书。

②肢体运动功能正常。

③无线电人员应当口齿清楚。

读一读

申请内陆渔业职务船员证书资历条件

1. 初次申请

在相应渔业船舶担任普通船员实际工作满 24 个月。

2. 申请证书等级职级提高

持有下一级相应职务船员证书，并实际担任该职务满 24 个月。

四、渔业船员考试发证

(一) 内陆渔业职务船员

内陆渔业职务船员证书考试包括理论考试和实操评估。

1. 理论考试

(1) 驾驶人员　理论三科：渔船驾驶、避碰规则及船舶管理。

(2) 轮机人员　理论三科：渔船主机、机电常识、轮机管理。

(3) 机驾长　理论一科：内容包括法律法规、避碰规则、渔船驾驶、轮机常识。

2. 实操评估

(1) 驾驶人员　实操一科：内容包括船舶操作和船舶应急处理。

(2) 轮机人员　实操一科：内容包括动力设备操作、动力设备运行管理、机舱应急处置。

(3) 机驾长　实操一科：小型渔船操控。

(二) 内陆渔业普通船员

1. 理论考试

理论一科：内容包括水上求生、船舶消防、急救、渔业安全生产操作规程等。

2. 实操评估内容

实操一科：内容包括求生、消防、急救等。

(三) 渔业船员证书考试考核规定

渔业船员考试包括理论考试和实操评估。渔业船员考核看由渔政渔港监督管理机构根据实际需要和考试大纲，选取适当科目和内容进行。

对考试中作弊、代考、不服从考场管理的考生，应当取消其考试资格，且两年内不得申请渔业船员证书考试。部分考试科目成绩不合格的，可自考试成绩公布之日起 24 个月内，根据考试发证机关的安排参加补考，补考次数不超过 2 次，逾期或补考 2 次仍不能通过全部考试的，需重新参加培训考试。

（四）渔业船员证书的换发和补发

渔业船员证书的有效期不超过 5 年。证书有效期满，持证人需要继续从事相应工作的，应当在证书有效期满前，向有相应管理权限的渔政渔港监督管理机构申请换发证书。考试发证机关可以根据实际需要和职务知识技能更新情况组织考核，对考核合格的，换发相应渔业船员证书。

有效期内的渔业船员证书损坏或丢失的，持证人应当凭损坏的证书原件或在原发证机关所在地报纸刊登的遗失声明，向原发证机关申请补发。补发的渔业船员证书有效期应当与原证书有效期一致。

渔业船员证书有效期满即为失效，对失效时间不足 5 年的，如持证人申请换证，考试发证机关可视情况进行考核换证。

渔业船员证书失效时间超过 5 年的，不允许换证，持证人应当按规定参加培训考试，重新申请原等级原职级证书。

渔业船员证书被吊销的，自吊销之日起 5 年内，持证人不得申请证书，5 年后应当按规定参加培训考试，申请渔业普通船员证书。

（五）渔业船员证书违规使用处理

渔业船员证书禁止伪造、变造、转让。

违反本办法规定，以欺骗、贿赂等不正当手段取得渔业船员证书的，由渔政渔港监督管理机构撤销有关证书，可并处 2 000 元以上 1 万元以下罚款，三年内不再受理其渔业船员证书申请。

伪造、变造、转让渔业船员证书的，由渔政渔港监督管理机构收缴有关证书，并处 2 000 元以上 5 万元以下罚款；有违法所得的，没收违法所得；构成犯罪的，依法追究刑事责任。

第二节　渔业船舶管理

一、船舶检验

《中华人民共和国渔业船舶检验条例》（2003 年 6 月 27 日国务院第 383 号公布，2003 年 8 月 1 日起施行）规定，国家对渔业船舶实行强制检验制度。强制检验分为初次检验、营运检验和临时检验（图16-3）。

图 16-3　强制检验制度

1. 初次检验

渔业船舶的初次检验，是指渔业船舶检验机构在渔业船舶投入营运前对其所实施的全面检验。申请渔业船舶初次检验的范围：

①制造的渔业船舶。

②改造的渔业船舶（包括非渔业船舶改为渔业船舶、国内作业的渔业船舶改为远洋作业的渔业船舶）。

③进口的渔业船舶。

2. 营运检验

渔业船舶的营运检验，是指渔业船舶检验机构对营运中的渔业船舶所实施的常规性检验。营运检验的主要项目：

①渔业船舶的结构和机电设备。

②与渔业船舶安全有关的设备、部件。

③与防止污染环境有关的设备、部件。

④国务院渔业行政主管部门规定的其他检验项目。

3. 临时检验

渔业船舶的临时检验，是指渔业船舶检验机构对营运中的渔业船舶出现特定情形时所实施的非常规性检验。申请临时检验的情形：

①因检验证书失效而无法及时回船籍港的。

②因不符合水上交通安全或者环境保护法律、法规的有关要求被责令检验的。

③具有国务院渔业行政主管部门规定的其他特定情形的。

渔业船舶所有人或者经营者发生上述情形之一的，应当向渔业船舶检验机构申报临时检验。

二、水上交通安全管理

《中华人民共和国内河交通安全管理条例》（国务院 2002 年 6 月 28 日颁布，2002 年 8 月 1 日起施行），是内河交通安全管理，维护内河交通秩序的行政法规，主要内容如下：

①持有渔业检验证书和渔业船舶登记证书，职务船员配备齐全、普通船员持证。

②船舶在内河航行，应当悬挂国旗，标明船名、船籍港、载重线。按照国家规定应当报废的船舶、浮动设施，不得航行或者作业。

③船舶在内河航行，应当保持瞭望，注意观察，并采用安全航速航行。船舶安全航速应当根据能见度、通航密度、船舶操纵性能和风、浪、水流、航路状况以及周围环境等主要因素决定。使用雷达的船舶，还应当考虑雷达设备的特性、效率和局限性。船舶在限制航速的区域和汛期高水位期间，应当按照海事管理机构规定的航速航行。

④船舶在内河航行时，上行船舶应当沿缓流或者航路一侧航行，下行船舶应当沿主流或者航路中间航行；在潮流河段、湖泊、水库、平流区域，应当尽可能沿本船右舷一侧航路航行。

⑤船舶进出内河港口，应当向海事管理机构办理船舶进出港签证手续。

⑥船舶进出港口和通过交通管制区、通航密集区或者航行条件受限制的区域，应当遵守海事管理机构发布的有关通航规定。任何船舶不得擅自进入或者穿越海事管理机构公布的禁航区。

⑦船舶应当在码头、泊位或者依法公布的锚地、停泊区、作业区停泊；遇有紧急情况，需要在其他水域停泊的，应当向海事管理机构报告。船舶停泊，应当按照规定显示信号，不得妨碍或者危及其他船舶航行、停泊或者作业的安全。船舶停泊，应当留有足以保证船舶安全的船员值班。

⑧船舶、浮动设施遇险，应当采取一切有效措施进行自救。船舶、浮动设施发生碰撞等事故，任何一方应当在不危及自身安全的情况下，积极救助遇险的他方，不得逃逸。船舶、浮动设施遇险，必须迅速将遇险的时间、地点、遇险状况、遇险原因、救助要求，向遇险地海事管理机构以及船舶、浮动设施所有人、经营人报告。

第三节　事故调查处理

《渔业船舶水上安全事故报告和调查处理规定》（农业部2012年12月25日颁布，2013年2月1日起施行），是渔业船舶水上安全事故调查处理的法律依据，明确了事故调查的主体、事故调查程序以及事故处理与事故民事纠纷调解等方面的要求。

一、事故种类

渔业船舶水上安全事故，分为水上生产安全事故和自然灾害事故两大类。

1. 水上生产安全事故

水上生产安全事故是指因碰撞、风损、触损、火灾、自沉、机械损伤、触电、急性工业中毒、溺水或其他情况造成渔业船舶损坏、沉没或人员伤亡、失踪的事故。

2. 自然灾害事故

自然灾害事故是指台风或大风、龙卷风、风暴潮、雷暴、海啸、海冰或其他灾害造成渔业船舶损坏、沉没或人员伤亡、失踪的事故。

二、事故等级

渔业船舶水上安全事故分为四个等级：

（1）**特别重大事故**　指造成三十人以上死亡、失踪，或一百人以上重伤（包括急性工业中毒，下同），或一亿元以上直接经济损失的事故。

（2）**重大事故**　指造成十人以上三十人以下死亡、失踪，或五十人以上一百人以下重伤，或五千万元以上一亿元以下直接经济损失的事故。

（3）**较大事故**　指造成三人以上十人以下死亡、失踪，或十人以上五十人以下重伤，或一千万元以上五千万元以下直接经济损失的事故。

（4）**一般事故**　指造成三人以下死亡、失踪，或十人以下重伤，或一千万元以下直接经济损失的事故。

三、事故信息报告与事故报告书

1. 事故报告

发生渔业船舶水上安全事故后，当事人或其他知晓事故发生的人员应当立即向就近渔港或船籍港的渔船事故调查机关（县级以上渔业行政部门及其渔政渔港监督管理机构）报告。

事故报告的方式主要有电话、互联网、电报等（图16-4）。

图16-4　事故报告

2. 事故报告书

（1）主体

渔业船舶所有人或经营人，是提交渔业船舶水上安全事故报告书的主体。若船舶所有人或经营人失踪的，其有权利或履行义务的人为提交事故报告书的主体。

（2）时间

渔业船舶在渔港水域外发生水上安全事故，应当在进入第一个港口或事故发生后48h内向船籍港渔船事故调查机关提交水上安全事故报告书和必要的文书资料。

船舶、设施在渔港水域内发生水上安全事故，应当在事故发生后24h内向所在渔港渔船事故调查机关提交水上安全事故报告书和必要的文书资料。

（3）内容

①船舶、设施概况和主要性能数据。

②船舶、设施所有人或经营人名称、地址、联系方式，船长及驾驶值班人员、轮机长及轮机值班人员姓名、地址、联系方式。

③事故发生的时间、地点。

④事故发生时的气象、水域情况。

⑤事故发生详细经过（碰撞事故应附相对运动示意图）。

⑥受损情况（附船舶、设施受损部位简图），提交报告时难以查清的，

应当及时检验后补报。

　　⑦已采取的措施和效果。

　　⑧船舶、设施沉没的，说明沉没位置。

　　⑨其他与事故有关的情况。

　　事故当事人和有关人员应当配合调查，如实陈述事故的有关情节，并提供真实的文书资料（图16-5）。

图16-5　事故调查

四、事故调查

　　事故调查，是为查明渔业船舶水上安全事故发生的经过、原因、造成损害的范围和程度，确定事故的性质和判明事故当事人的责任而依法进行的一系列活动。事故调查需要运用勘查、询问、鉴定、检验等手段来搜集与事故相关的证据材料，分析与事故有关的所有因素，研究渔业船舶水上安全事故发生的各个细节，最终作出客观公正的调查结论。

　　1. 当事人的权利

　　①确认调查机构是否具有事故调查权限。

　　②确认事故调查的人员是否持证。

　　③从事事故调查的人数是否符合规定。

　　④提供事故发生时的证据材料。

　　⑤申请对事故引起的民事纠纷进行调查等。

2. 当事人的义务

①接受调查询问，如实陈述事故发生情况。

②如实提供书面材料和证明。

③提交船检证书、登记证书、职务船员证书和捕捞许可证等相关证件。

④为调查人员收集证据、勘察事故现场提供便利。

⑤在不危及船舶自身安全的情况下，将船舶驶抵指定地点接受调查。

⑥按要求提供适当的经济担保。

五、事故民事纠纷调解

因渔业船舶水上安全事故引起的民事纠纷，当事人各方在事故发生之日起三十日内，可以向负责事故调查的渔船事故调查机关共同书面申请调解。经调解达成协议的，当事人各方应当共同签署《调解协议书》，并由渔船事故调查机关签章确认。

读一读

事故引起民事纠纷的解决途径：①自行和解；②行政调解；③海事仲裁；④海事诉讼。

第四节　渔业捕捞许可管理

一、申请捕捞许可证的材料

①渔业捕捞许可证申请书。

②企业法人营业执照或个人户籍证明复印件。

③渔业船舶检验证书原件和复印件。

④渔业船舶国籍证书原件和复印件。

⑤渔具和捕捞方法符合国家规定标准的说明资料。

⑥登记机关依法要求的材料（图16-6）。

从事捕捞作业的单位和个人，必须按照捕捞许可证关于作业类型、场所、时限、渔具数量和捕捞限额的规定进行作业，并遵守国家有关保护渔业资源的规定，大中型渔船应当填写渔捞日志。

图 16-6　捕捞许可证

二、违法行为的种类

①未经国务院渔业行政主管部门批准，任何单位或者个人不得在水产种质资源保护区内从事捕捞活动。

②禁止使用炸鱼、毒鱼、电鱼等破坏渔业资源的方法进行捕捞（图16-7）。

图 16-7　禁止电捕鱼

③禁止制造、销售、使用禁用的渔具。

④禁止在禁渔区、禁渔期进行捕捞（图16-8）。

图 16-8　禁止非法捕捞

⑤禁止使用小于最小网目尺寸的网具进行捕捞（图 16-9）。

图 16-9　禁止捕捞幼鱼

⑥捕捞的渔获物中幼鱼不得超过规定的比例。

⑦在禁渔区或者禁渔期内禁止销售非法捕捞的渔获物。

⑧禁止捕捞有重要经济价值的水生动物苗种。

三、内陆捕捞许可证管理

内陆水域捕捞业的船网工具控制指标和管理，由省、自治区、直辖市人民政府规定。各省之间可能存在差异，其申请所需材料也可能有所不一。

内陆渔业捕捞许可证的使用期限为 5 年。

使用期一年以上的渔业捕捞许可证实行年度审验（以下称年审）制度，每年审验一次。

第五节 其 他

一、水域环境保护

《中华人民共和国水污染防治法》规定，船舶排放含油污水、生活污水，应当符合船舶污染物排放标准。船舶的残油、废油应当回收，禁止排入水体。禁止向水体倾倒船舶垃圾。船舶装载运输油类或者有毒货物，应当采取防止溢流和渗漏的措施，防止货物落水造成水污染（图 16-10）。

图 16-10 船舶污染

船舶进行涉及污染物排放的作业，应当严格遵守操作规程，并在相应的记录簿上如实记载。

在渔港水域进行渔业船舶水上拆解活动，应当报作业地渔业主管部门批准。

二、水生野生动物保护

水生野生动物，是指珍贵、濒危的水生野生动物的任何部分及其衍生物，主要是指珍贵、濒危的水生野生动物。

任何单位和个人发现受伤、搁浅和因误入港湾、河汊而被困的水生野生动物时，应当及时报告当地渔业行政主管部门或者其所属的渔政监督管理机构，由其采取紧急救护措施；也可以要求附近具备救护条件的单位采取紧急救护措施，并报告渔业行政主管部门。已经死亡的水生野生动物，由渔业行政主管部门妥善处理。捕捞作业时误捕水生野生动物的，应当立即无条件放生。

任何单位和个人对侵占或者破坏水生野生动物资源的行为，有权向当地渔业行政主管部门或者其所属的渔政监督管理机构检举和控告。

禁止任何单位和个人破坏国家重点保护的和地方重点保护的水生野生动物生息繁衍的水域、场所和生存条件。